Yoko Saito

Floral Bouquet Quilt

Yoko Saito

Floral Bouquet Quilt

斉藤謠子の
拼布花束創作集

Yoko Saito
Floral Bouquet Quilt

Introduction ✿ 序

創作拼布的時候，總喜歡依著當時的心情隨性配色，不同的空間嘗試運用不同的色彩，我想這就是拼布的樂趣之一吧！而本書中所收錄的作品，運用了不同顏色的布料，也可作為配色上的參考。

特別的是，本次我嘗試製作了半立體的花朵，像是拼布花束壁飾，在美麗的空間，放上優雅花朵點綴，就是最佳的簡易室內設計，於是我就將這樣的畫面以拼布方式呈現。另外，我也喜歡花器的造型與各式各樣的貼布繡，看見自己插的盆花也被製作成貼布繡，總帶給我很大的滿足。書中的作品每件都是我非常喜愛也很實用的創作，如果有任何一款作品是你也喜歡的，請一定要動手試試看，並且與我一同享受拼布的樂趣。

斉藤謠子

Contents

鬱金香提袋

作法 P.54

瓶瓶罐罐壁飾
作法 P.66

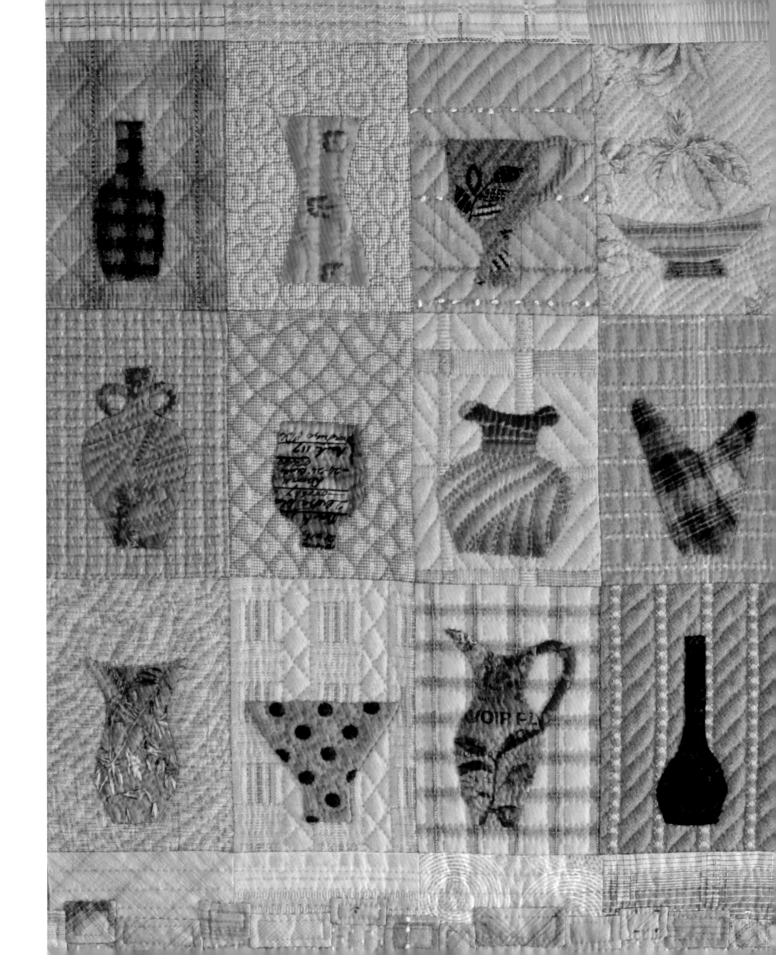

拼貼花束
壁飾
作法 P.68

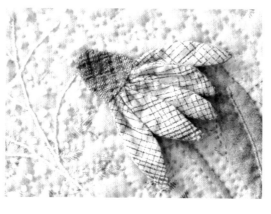

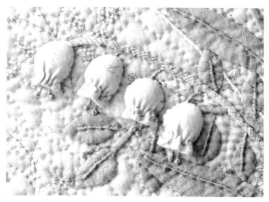

餐墊
作法 P.65

10

水壺提袋
作法 P.70

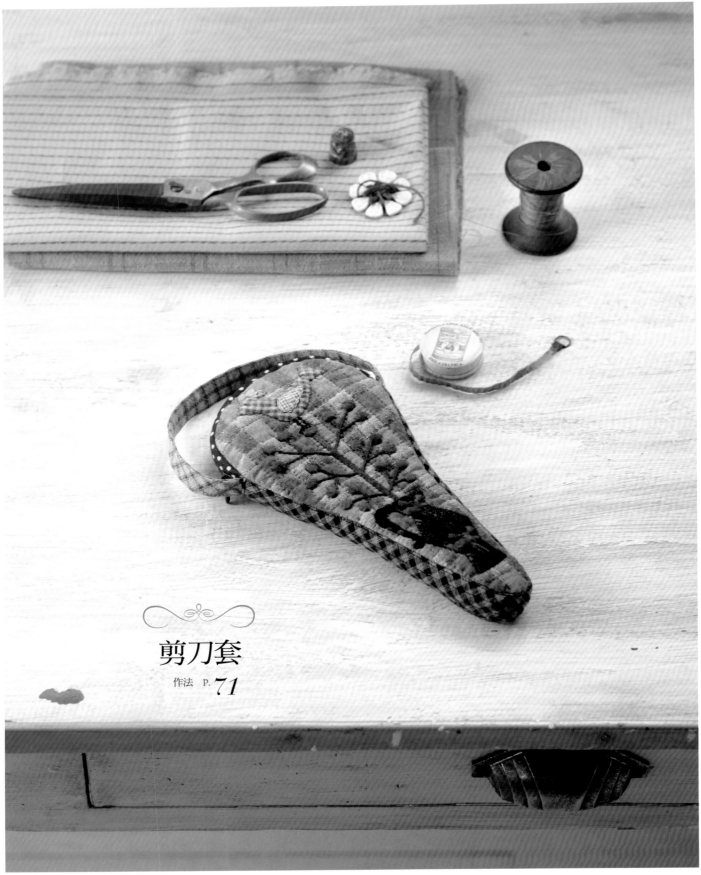

剪刀套

作法 P. *71*

14

玫瑰花零錢包
作法 P.74

花車零錢包
作法 P.75

16

小物套
作法 P.72

B

A

17

素雅書衣
作法 P. 76

蕾絲花手提包

作法 P. 77

花卉提袋

作法 P.78

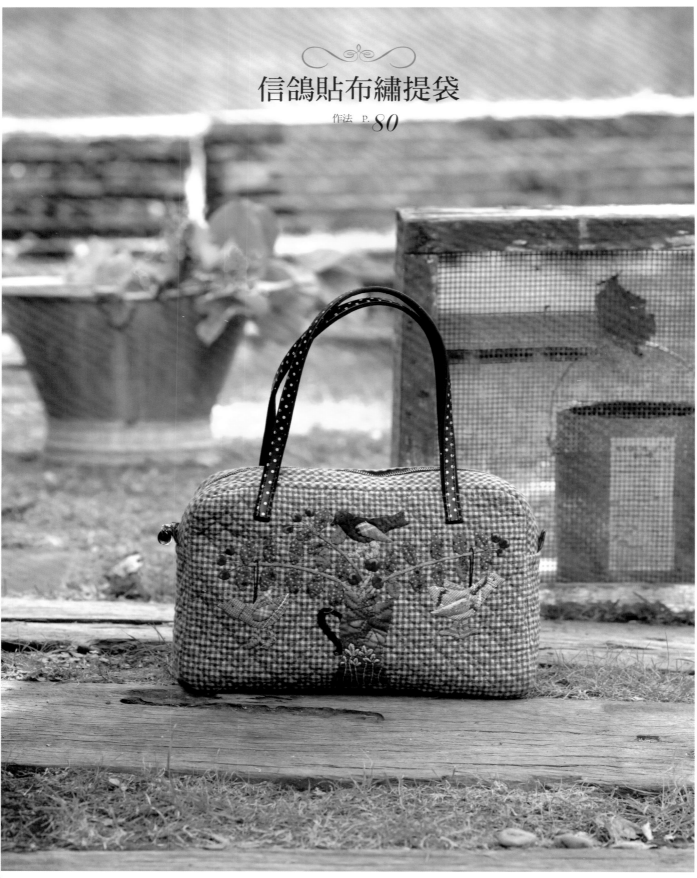

信鴿貼布繡提袋
作法 P.80

24

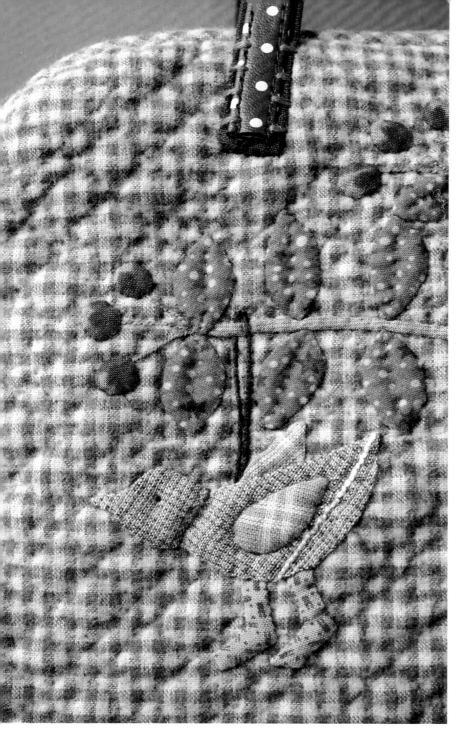

小兔子提袋

作法 P.*82*

花鳥蝶舞壁飾
作法 P.*88*

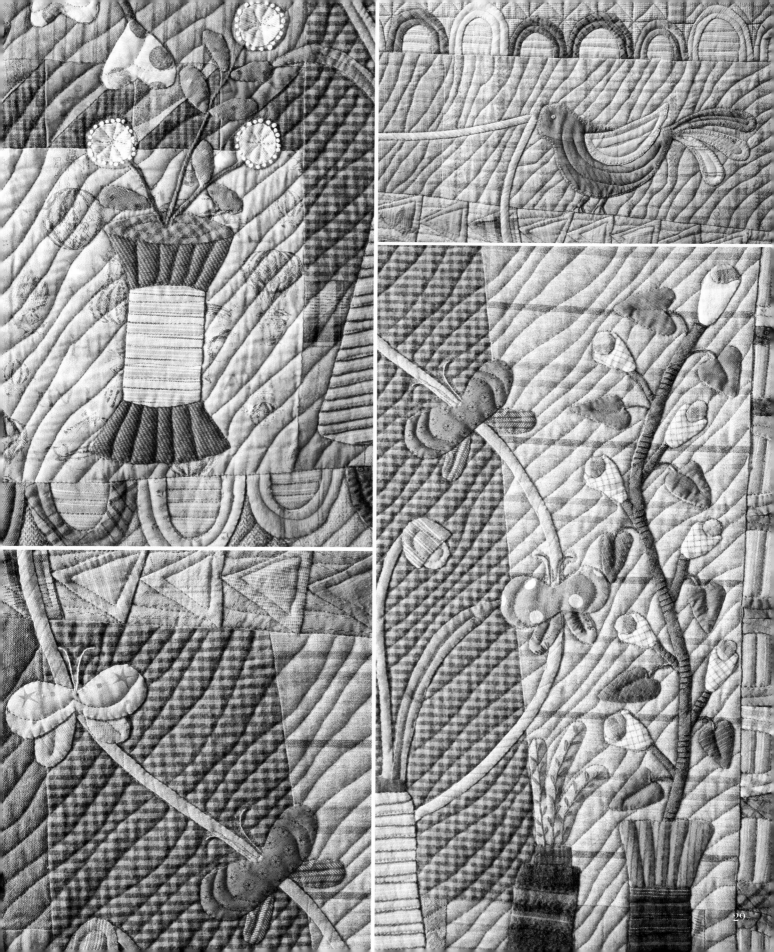

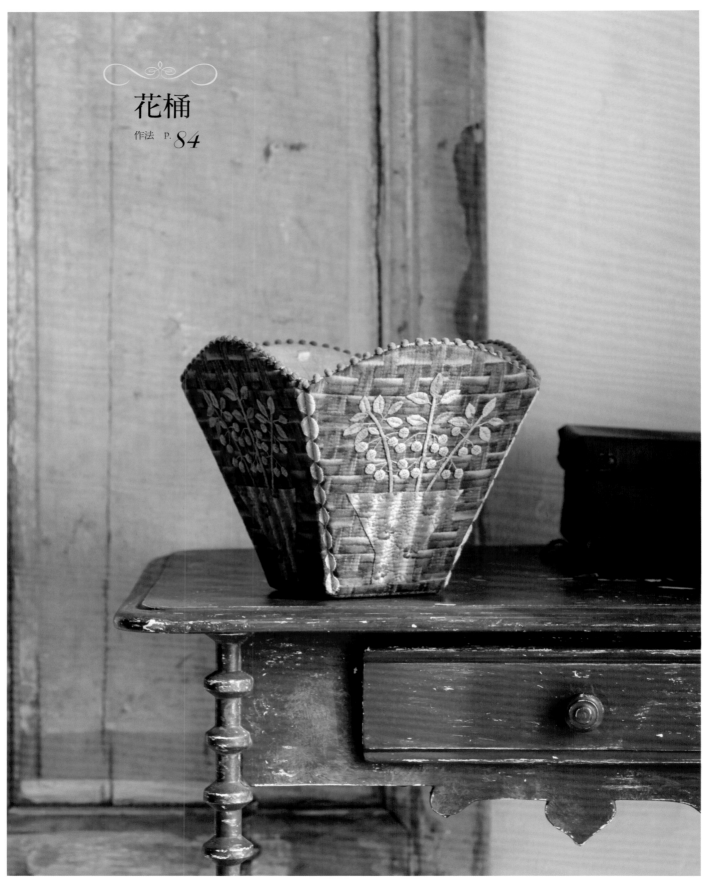

花桶

作法 P.84

針線籃
作法 P.*102*

針線收納工具袋

作法　P.86

手拿提包

作法 P. 89

書衣

作法 P.*93*

抱枕

作法　P.*92*

束口袋
作法 P. 90

三角形化妝包

作法 P.*94*

梯形斜背包

作法 P.96

44

小鳥 & 雛菊化妝包

作法 P.*98*

小白花茶壺套

作法　P.*100*

貼布繡花朵環保袋

作法 P.104

飛鳥托特包
作法 P105

繁花壁飾
作法 P. *106*

50

必備工具

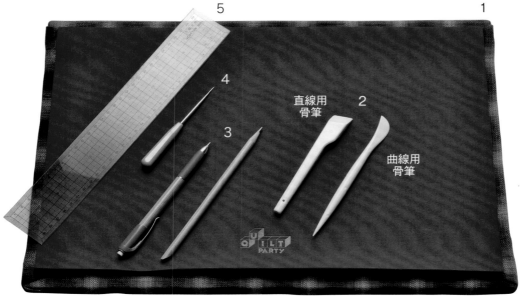

1 拼布多用板
柔軟面適合搭配曲線或直線用骨筆。砂紙面則適用於描繪紙型，背面的布面亦可作為燙墊使用。

2 曲線用骨筆・直線用骨筆
適於摺壓或整理布片縫份時使用。可節省熨燙工時，非常方便。

3 鉛筆（2B）・記號筆
鉛筆適用於描繪紙型，或於布面描繪記號點、壓線記號線時使用。但當使用深色布料時，如果運用鉛筆則無法清楚標註，建議改用記號筆進行描繪。

4 手藝用鑿孔工具（尖錐）
適用於製作紙型記號，或輔助包覆縫份與挑出布角。

5 尺
用於描繪紙型與壓線記號線時，建議選用印有平行線與格線的款式較為方便。

6 剪刀
剪刀可依不同用途區分為下列幾類，分類使用可延長剪刀的壽命。
A 裁布用剪刀
B 剪線用剪刀
C 裁剪紙張・襯棉用剪刀

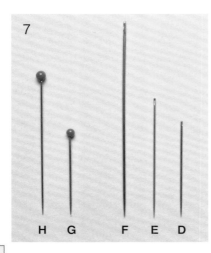

7 針
D 壓線針：粗而短的針款，適用於壓線作業。

E 手縫針：適用於布片拼接或進行藏針縫。

F 疏縫針：疏縫時使用。

G 貼布繡專用珠針：針短且針頭小，製作貼布繡時更順手。

H 珠針：固定布片等布料時使用。針頭小，易於使用。製作拼布時，搭配貼布繡專用針、刺繡針等，可使作業更加順利唷！

8 線
I 壓線：比一般縫線略粗的線，壓線時使用。

J 縫線：布片拼接或藏針縫時使用，亦可作為縫合袋物的車縫線。

K 疏縫線：疏縫時使用。

9 指套
L 指套：布片拼接時使用。
M 戒指型切割器：套入順手的拇
　指背面，可便於在作業同時切
　斷線材。

N 三種頂針：壓線時為保護手指
　而套入的工具。將陶瓷頂針套
　入左手食指，金屬頂針套入右
　手中指，其上再套入皮革頂
　針。

O 橡膠指套：壓線或貼布縫時使
　用，可防止縫針滑動且能順利
　拔針。可套入兩手的食指使
　用。

10 湯匙
　疏縫時可輔助挑針。嬰兒奶粉量匙等匙面具有內凹弧度，易於使用。

11 大頭針
　疏縫時使用。由於壓線過程須同時固定表布、襯棉及裡布三層布料，因此選擇長針較方便使用。

12 文鎮
　進行壓線時，作為固定用途。

13 繡框
　壓線時使用。

14 返裡工具組
　將已縫製為筒狀的提把或布條翻至正面的工具。
　亦可於翻至正面的同時塞入內芯（襯棉或棉繩）。

返裡鉤

返裡管

🍂 還可運用刺繡框（刺繡時使用）／壓線架（大型作品壓線時使用）／
　描圖光桌（描繪圖案時使用）／木板或布墊（疏縫時使用。選用大尺
　寸更便利 ，沒有時也可用塌塌米取代）／厚紙（紙型用）／複寫紙／
　縫紉機／熨斗等。

完成尺寸
長26cm・寬28cm・側身9cm

作法圖片中，為使教學更清楚呈現，因此更換縫線色彩。

尺寸圖

前袋身
表布（貼布繡・拼接布片）（襯棉）
裡布（格紋織紋布）
各1片

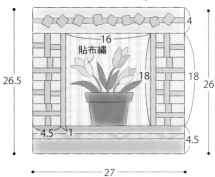

4
16
貼布繡
18
18
26.5
4.5 1 4.5
27

後袋身
表布（灰色系印花布）（襯棉）
裡布（格紋織紋布）（中厚質含膠襯棉）
各1片

24
26
26

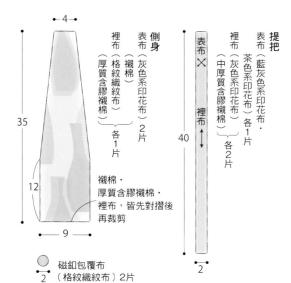

4
側身
表布（灰色系印花布）2片
裡布（格紋織紋布）（厚質含膠襯棉）
各1片
35
12
9

襯棉・厚質含膠襯棉・裡布，皆先對摺後再裁剪

提把
表布（藍灰色系印花布・茶色系印花布）各1片
裡布（灰色系印花布）（中厚質含膠襯棉）各2片

表布×
裡布
40
2
2

磁釦包覆布（格紋織紋布）2片

＊後袋身・提把的中厚質含膠襯棉＆側身的厚質含膠襯棉＆前袋身・後袋身・側身的襯棉・提把的裡布皆外加縫份3cm，其餘處外加縫份0.7cm。

7
6
1
2
3
5
4

材料
1 野木棉　格紋織紋布…50×110cm
（裡袋身・裡側身・磁釦包覆布・袋口滾邊布）
2 野木棉　灰色系印花布…50×50cm
（後表袋身・表側身・提把裡布）
3 野木棉　米色系格紋織紋布…18×20cm
（貼布繡的底布）
4 野木棉　零碼布20款…適量（貼布繡・拼縫布片）
藍灰色系印花布・茶色系印花布…各35×35cm
（提把表布）
5 襯棉…50×80cm
6 中厚質含膠襯棉…30×40cm（後袋身・提把）
7 厚質含膠襯棉…9×70cm（側身）
8 磁釦…直徑2cm　1組

縫製時，請選擇與底布色調相近的縫線。

8 凹 凸

貼布繡

1. 描繪貼布繡的圖案

將紙型上的貼布繡圖案描繪於描圖紙上。將貼布繡用底布（格紋織紋布）裁剪為16×18cm，並外加縫份0.7cm。使用光桌，以記號筆描繪圖案。

＊沒有光桌時，也可於晴天時，藉由透明玻璃窗描繪。

2. 裁剪各部分

花C 花A 花瓣① 葉a 莖① 葉b 莖② 葉c B A 花盆 花B ③ ② ③ 葉d

莖①至③裁剪寬度1.2cm的斜布條，於內側0.3cm處描繪縫線，長度依照紙型裁剪。於花盆布片A‧B的布料背面描繪完成線，並外加縫份0.7cm再裁剪。於花朵與葉子的布料正面描繪完成線，並外加縫份0.3至0.5cm。

3. 莖部貼布繡

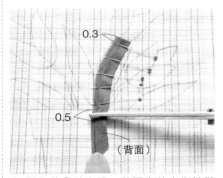

0.3
0.5
（背面）

1 製作莖①貼布繡，將圖案的右側線與滾邊布縫線正面相對放置，花朵其中一側由外側0.3cm開始，以珠針固定至花盆的0.5cm外側，並修剪多餘布料。

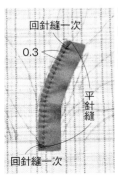

回針縫一次
0.3
平針縫
回針縫一次

2 以點對點平針縫，始縫處與止縫處皆須進行一針回針縫。

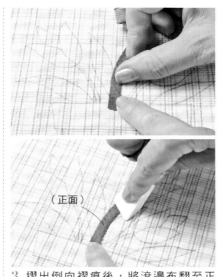

（正面）

3 摺出倒向褶痕後，將滾邊布翻至正面，以指甲壓出褶痕。再以直線用骨筆的平口處壓整固定縫份。

將縫份塞入內側

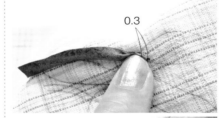

0.3

4 依照莖部寬度，以針尖將縫份塞入內側，再由花朵的布邊內側開始0.3cm處出針。將縫份塞入，並同時以立針縫固定。

5 將縫份塞入內側，並同時縫至邊端，再由背面出針打結。

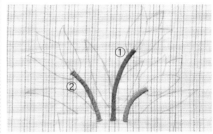

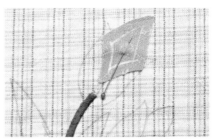

①
②

6 莖②‧③皆以相同方式製作，如此便完成莖部製作。

4. 花朵貼布繡

1 進行花朵A貼布繡。將花瓣①置於圖案位置，並以珠針固定。

立針縫

②由外摺痕下方入針。
①由布料外褶痕出針。
針目不會露出布料表面

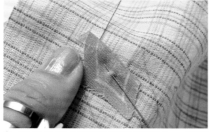

2 以針尖將右側的縫份向內塞入，以立針縫縫至前端頂角的記號處。

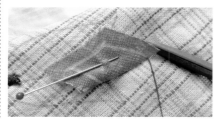

3 依照記號線修剪多餘布角。

4 頂角處的縫份分為三次，依序塞入內側，即可使轉角尖銳美麗。

藏針縫

不須藏針縫

5 完成轉角後，繼續將縫份塞入內側，同時以立針縫縫至邊角記號處。因為其上端將與花瓣②‧③重疊，所以不須藏針縫。

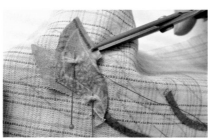

6 將花瓣②置於圖案位置，並以珠針固定。將右側的縫份塞入內側，從與莖部相連的根部記號處開始縫製。圓弧處縫份須剪入兩處牙口，再以立針縫縫至頂角記號處。

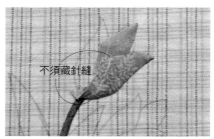

不須藏針縫

7 頂尖處縫份處理請參考步驟3至4，並縫至記號處。其上片花瓣重疊處不須藏針縫。

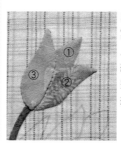

①
③
②

8 花瓣③置於圖案位置，將縫份塞入內側，並以立針縫進行貼布繡，即完成花朵A的貼布繡。

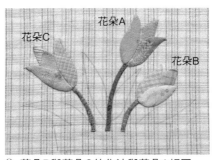

花朵C
花朵A
花朵B

9 花朵B與花朵C的作法與花朵A相同。

5. 葉片貼布繡

1 葉片A置於圖案位置，並以珠針固定。以針尖將縫份塞入內側，並製作立針縫固定葉片四周。葉片前端與根部尖銳處，需將縫份分為三次塞入內側，使其角度明顯（請參考花朵A的花瓣步驟①）。

a
b
c
d

不須藏針縫

2 剩餘的葉片B與C製作方式與葉片A相同。葉片D下方需與花盆重疊，因此不須藏針縫，即完成葉片貼布繡。

6. 花盆貼布繡

1 將花盆A的布片背面朝上,放置於拼布多用板的柔軟面。以直線用骨筆的前端按壓兩側的完成線,壓出褶痕。

2 將縫份沿著步驟1壓出的褶痕倒向內側,並按壓定型。另一側的邊緣製作亦同。

3 置於圖案位置,以珠針固定,兩側以立針縫技巧縫製貼布繡,上、下端不須藏針縫。

（背面）

藏針縫

4 以直線用骨筆將花盆B四周的縫份皆倒向內側,並置於圖案位置上,四周以立針縫固定後,即完成貼布繡圖案。

布片拼接

1. 製作圖案區塊I & II,並接縫貼布繡圖案,製作圖案區塊III

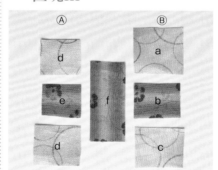

Ⓐ　　　　　　Ⓑ
d　　　　　　a
e　　f　　b
d　　　　　　c

1 依紙型製作布片a至f,於布料背面描繪完成線後,外加縫份0.7cm再裁剪。

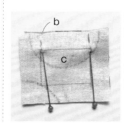

b
c

2 製作圖案區塊Ⓑ。將布片c與b正面相對疊合,邊角點對點以珠針固定。

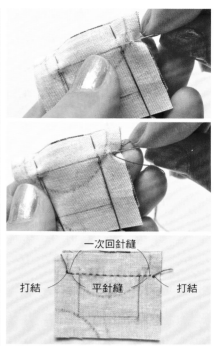

一次回針縫
打結　　平針縫　　打結

3 由邊角記號外側0.5cm處入針,挑起一針,再次從相同處入針,沿著完成線進行平針縫,縫至下一個記號處外側0.5cm處,再進行回針縫一次後打結。

4 將縫份修剪為0.7cm。

5 沿著縫份處摺入0.1cm為倒向褶痕,將縫份倒向布片b側。翻至正面後,放置於拼布多用板的柔軟面上,以直線用骨筆的平滑面沿縫線按壓定型。

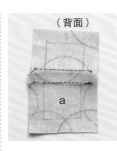
（背面）

6 布片b的另一側與布片a點對點縫合。縫份倒向布片b（請參考步驟3至5）。完成圖案區塊B。

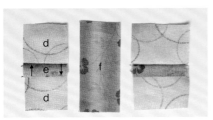
d
e
f
d

7 布片d與e的製作方式同步驟3至5，縫份倒向布片e，完成圖案區塊A。

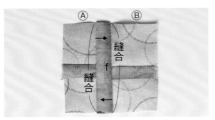
Ⓐ Ⓑ
縫合
f
縫合

8 將圖案區塊B與布片f進行點對點縫合，縫份倒向布片f。再組合圖案區塊A，縫份亦倒向布片f。依此方式共製作八片正方形圖樣。

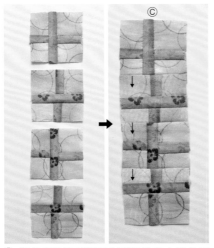
Ⓒ

9 將步驟8的四片正方形圖樣自由擺放組合，縫份倒向下側，即完成圖案區塊C。

Ⓓ-2

10 依相同方式完成另一片縱向布片D。

g

11 將布片g外加縫份0.7㎝後裁剪兩片。圖案區塊C與D各自與其中一片縫合，縫份倒向布片g。完成圖案區塊Ⅰ及Ⅱ。

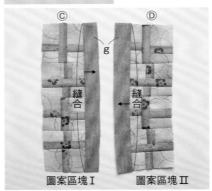
Ⓒ Ⓓ
g
縫合 縫合
圖案區塊Ⅰ 圖案區塊Ⅱ

Ⅰ Ⅱ
縫合
縫合
圖案區塊Ⅲ

12 將貼布圖樣的兩側分別與圖案區塊Ⅰ與Ⅱ進行點對點縫合，縫份倒向布片g，完成圖案區塊Ⅲ。

---

2. 製作圖案區塊Ⅳ，並與圖案區塊Ⅲ縫合，完成圖案區塊Ⅴ

h
i
j

1 將布片h‧i‧j紙型外加縫份0.7㎝後，分別裁剪一片。

縫合
縫合
圖案區塊Ⅳ

2 將布片h‧i‧j進行點對點縫合，縫份倒向布片i，完成圖案區塊Ⅳ。

Ⅲ
縫合
Ⅳ
圖案區塊Ⅴ

3 將圖案區塊Ⅲ與Ⅳ進行點對點縫合，縫份倒向圖案區塊Ⅳ，完成圖案區塊Ⅴ。

3. 製作圖案區塊Ⅵ，並與圖案區塊Ⅴ縫合

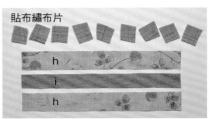
貼布繡布片
h
i
h

1 將布片h‧i紙型外加縫份0.7㎝，布片h裁剪兩片，布片i裁剪一片。四角形的貼布繡則外加0.3至0.5㎝的縫份後裁剪。

2 布片i的上、下端分別與布片h進行點對點縫合，縫份倒向布片i。

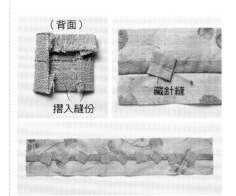

（背面）

摺入縫份

藏針縫

3 將四角形的貼布繡以直線用骨筆壓劃完成線褶痕。置於圖案位置後，周以立針縫進行貼布繡，也可以圖案的位置為準，依個人喜好進行貼布繡，完成圖案區塊VI。

縫合

4 縫合圖案區塊V的上側與VI。縫份倒向圖案區塊VI，即完成表布。

壓線

1. 於表布上描繪壓線記號線

將表布置於拼布多用板的砂紙面上，以記號筆描繪壓線記號線（參考圖示）。於印花圖案與貼布繡的四周進行落針壓，不須另外描繪壓線記號線。

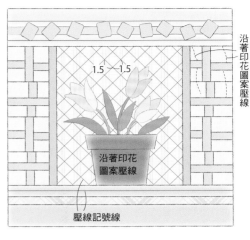

沿著印花圖案壓線

1.5～1.5

沿著印花圖案壓線

壓線記號線

2. 疏縫

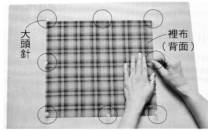

大頭針

裡布（背面）

襯棉

1 將裡布的背面朝上放置於平滑的板子上，於布片四角釘入大頭針，防止布料起縐，再於四個角落之間也釘入大頭針，最後疊上襯棉，拆除裡布上的大頭針，重新釘入襯棉四周。

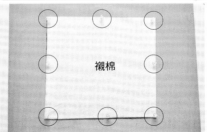

2 將表布重疊於襯棉中央，拆除襯棉四周的大頭針，重新釘入表布四周。如此一來即可減少縐褶，漂亮完成壓線作品。

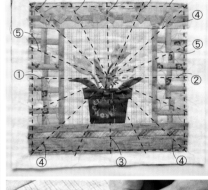

3 疏縫。將疏縫線頭打結，由中心處入針，以粗針趁穿入至裡布，放射狀縫至布邊。最後進行一針回針縫，預留線端2至3cm並剪斷。此時，以湯匙的底部壓住布面，針頭頂住湯匙前端，即可輕鬆拔針。

🌾 **疏縫的順序**
①由中心向左側 ②由中心向右側 ③由中心縱向上下 ④對角線 ⑤對角線、縱向與橫向之間 ⑥四周完成線的外側。

3. 壓線

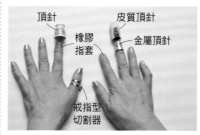

1 請先於手指套上防止疼痛的工具。

2 將拼布作品置於拼布多用板的柔軟面上，垂靠於桌子邊緣。作品一端以文鎮固定防止滑動後，即可開始進行壓線。

❀ 關於壓線用線

使用與布料相近色調的壓線線材，可使作品完美呈現。當手邊的線材顏色沒有這麼多種選擇時，也可使用較布料深色的線款。

❀ 壓線的順序

＊壓線時由中心向外側擴展，一邊將綯褶向外側推匀一邊進行壓線。

①中央貼布繡的底布進行斜向壓線。

②製作花盆與葉脈壓線。花盆A中沿著印花圖案壓線。

③於貼布繡的四周進行落針壓。

④於外側圖案區塊的布片中壓線。布片a‧c‧d沿著印花圖案進行自由壓線。

⑤於圖案區塊的各布片與貼布繡四周進行落針壓。

3 完成壓線。拆除四周之外的疏縫線。

壓線的
始縫&止縫

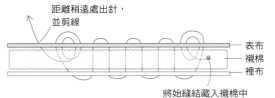

距離稍遠處出針，並剪線

表布
襯棉
裡布

將始縫結藏入襯棉中

壓線的始縫	壓線的止縫

1 止縫時，穿過裡布，由前方第二針處出針。

1 先將線端打結。由距離始縫處稍遠的表布入針，將針穿過襯棉，由始縫的第一針處出針。拉線，將始縫結藏入襯棉中。

2 返回前方第一針處入針，穿過襯棉，於步驟**1**相同處出針。

2 進行一針回針縫，穿入襯棉中，於步驟**1**相同處出針。

3 再次返回，於步驟**2**相同處出針，沿著壓線記號線進行平針縫。

3 再次於步驟**2**相同處入針，將針穿入襯棉中，從距離稍遠處拉出。裁剪縫線後，將線材引入襯棉中即完成。

4. 後袋身壓線

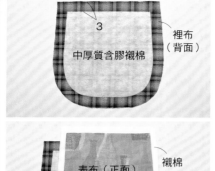

1 於裡布的背面熨燙中厚質含膠襯棉。將表布‧襯棉‧裡布三層依序重疊，並疏縫。

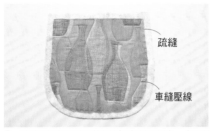

2 沿著表布的印花圖案車縫壓線，拆除四周之外的疏縫線。

5. 側身壓線

1 取兩片表側身，車縫底側（將縫份燙開），成為一片條狀側身布。裡布的背面熨燙厚質含膠襯棉，重疊表布‧襯棉‧裡布之後進行疏縫。

2 沿著表布的印花圖案車縫壓線。拆除四周之外的疏縫線。

組合提袋

1. 縫合袋身&側身

1 於前裡袋身上放置紙型，描繪輪廓與對齊記號。

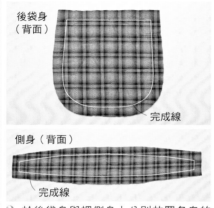

2 於後袋身與裡側身上分別放置各自的紙型，並描繪輪廓。

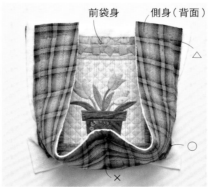

3 將前袋身與側身正面相對放置，對齊袋底（×）、側身（○）、袋口（△）的對齊記號，並以珠針固定，再緊密的插入珠針確實固定。

4 於珠針固定處疏縫後，再進行車縫。袋口處則須車縫至完成線上方1㎝處。

5 保留步驟4縫合處的裡布縫份，其餘則修剪至縫份0.7㎝。將裡側身的縫份修齊為1.8㎝。

6 以裡側身的縫份布包覆縫份，並倒向袋身以珠針固定。

完成線　　　　藏針縫縫至高於1cm

裡袋身　　　　裡側身

藏針縫

7 從袋口完成線上方1cm處開始，穿入襯棉以藏針縫手縫一圈至袋口另一側完成線1cm之上。

前表袋身

後表袋身

9 翻至正面，整理袋型。

2. 製作提把

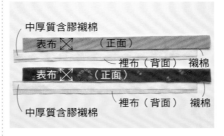

中厚質含膠襯棉

表布⊠　（正面）

裡布（背面）　襯棉

表布⊠　（正面）

裡布（背面）　襯棉

中厚質含膠襯棉

熨燙中厚質含膠襯棉的裡布

襯棉
表布

車縫

1 於裡布背面熨燙中厚質含膠襯棉。將表布與裡布正面相對，夾入襯棉重疊後，車縫兩側邊。

2 修剪縫份處之襯棉。另一條提把製作方式亦同。

返裡管

將布條前端摺向後方

3 運用返裡工具組（參考P.53）翻至正面。將返裡管插入提把中，摺疊另一側布條前端。

返裡鉤

露出鉤子前端

4 將返裡鉤穿入返裡管，將返裡鉤順時針轉動的同時，以前端拉出布料。

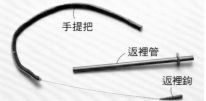

手提把

返裡管

返裡鉤

5 將返裡鉤往下拉入返裡管中，將提把布穿過返裡管翻至正面。

8 另一面袋身製作方法亦同，完成後將縫份處滾邊。

車縫壓線

6 另一條提把製作方法亦同。整理形狀後，於兩側車縫壓線。

3. 於袋口兩側滾邊處安裝手提把

2.5   壓線0.7cm

1 參考P.110，裁剪2.5×60cm（寬×長）的格紋織紋布作為袋口縫份滾邊。

疏縫
提把

2 於袋口處正面畫出完成線。將提把以正面相對的方式固定於側身袋口處，再疏縫固定於完成線上。

滾邊布
疏縫

3 將步驟1中的滾邊布正面相對固定於袋口處，將袋口處完成線與滾邊布的縫線重疊，再以珠針固定。疏縫後進行車縫（滾邊的製作方法參考P.110至P.111）。

4 將袋口與滾邊布邊對齊，修剪多餘裡布與襯棉。

5 將滾邊布翻至內側包覆縫份，再以珠針固定。穿透襯棉層以立針縫固定。滾邊布頭尾縫線重合處也以藏針縫固定。

4. 組裝磁釦

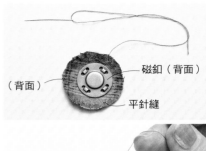

（背面）
磁釦（背面）
平針縫

1 於磁釦布四周進行平針縫。中央放入磁釦（磁釦的正面為貼緊布料側），拉緊平針縫線後進行兩次回針縫，再打結。凹釦&凸釦都須以相同布片包覆。

包覆縫份用的滾邊布
藏針縫固定

2 將磁釦凹面&凸面分別固定於前裡袋身與後裡袋身的中央，緊貼滾邊布下方，周圍以藏針縫縫合。

完成提包

63

製作前準備事項

關於壓線作品

❧ 作法圖示中數字的單位為cm。

❧ 完成尺寸即標註尺寸圖的尺寸（袋物不含提把尺寸）。拼布作品因布片拼接或壓線動作而有可能造成尺寸縮小。此外，又因布料的種類或襯棉的厚度、壓線的分量、製作者的拉線鬆緊度等縮小狀況有所不同。

❧ 壓線時，使用與布料相近色調的線材，可使作品完美呈現。但當沒有各種顏色的壓線線材時，使用米色系的線款，也可顯得穩重大方。

關於袋物的組合

❧ 由於壓線後作品會產生略為縮小的情形，因此建議於壓線後，再次將紙型置於作品上重新描繪。

STEP 1 製作前袋身與後袋身，將表布・襯棉・裡布三層疊合壓線。

STEP 2 於裡袋身上放置紙型，並描繪完成線。由於壓線會使作品尺寸縮小，因此於表布上描繪紙型時，請修改為足以調整0.7cm縫份的尺寸。

STEP 3 描繪袋身完成線後，請依據該尺寸修改袋底或側身。

☆ 依作法圖示中袋底與側身尺寸圖的大小為基準。請測量已完成壓線的袋身，再調整尺寸。

☆ 製作壁飾時，請於表布描繪預留0.7cm縫份的完成線，以作為調整用。

基礎手縫&刺繡技法

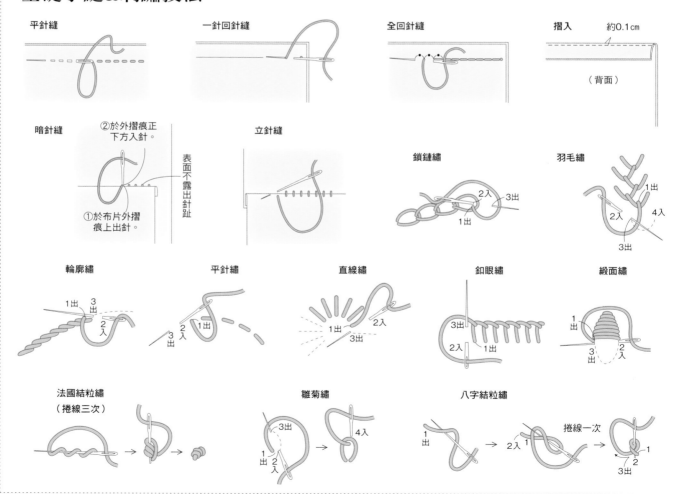

草莓　　　　　　　　　豌豆

❧ 完成尺寸
　　長33.4cm・寬44.4cm

❧ 材料
〔草莓〕&〔豌豆〕皆相同（僅單件）
野木棉
　　織紋布…33.5×44.5cm（餐墊表布）
　　織紋布…36×47cm（餐墊裡布）
　　零碼布數款…各適量（貼布繡）
　　織紋布…寬3.5cm斜布條　160cm（滾邊布）
襯棉…36×47cm
〔草莓〕
25號繡線　綠色・淺綠色・芥末色・茶色・焦茶色…適量
〔豌豆〕
25號繡線　橄欖色…適量

❧ 作法
1 於餐墊表布上進行貼布繡與刺繡。製作草莓葉子與蒂頭周圍刺繡，此處不須描繪圖樣，可依喜好自由刺繡。
2 將表布・襯棉・裡布三層疊合後疏縫並壓線。於底布上沿著印花圖案壓線，再沿著貼布繡圖形的四周、刺繡的單側、貼布繡布片的順序壓線。
3 周圍以寬3.5cm的滾邊布包覆，即完成滾邊（參考P.110至P.111）。

尺寸圖

〔草莓〕
餐墊
表布（織紋布・貼布繡）
　　（襯棉）　　　　　　各 1 片
裡布（織紋布）
0.7　　0.7cm滾邊布（織紋布）

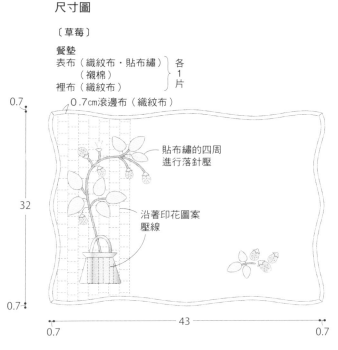

貼布繡的四周進行落針壓

沿著印花圖案壓線

32

0.7

0.7　　　　　43　　　　　0.7

＊莖部的貼布布片寬度為1.2至1.5cm的滾邊布，
　其餘則須外加縫份0.3至0.5cm，
　表布外加縫份0.7cm，襯棉&裡布外加縫份2cm再裁剪。

〔豌豆〕
餐墊
表布（織紋布・貼布繡）
　　（襯棉）　　　　　　各 1 片
裡布（織紋布）
0.7　　0.7cm滾邊布（織紋布）

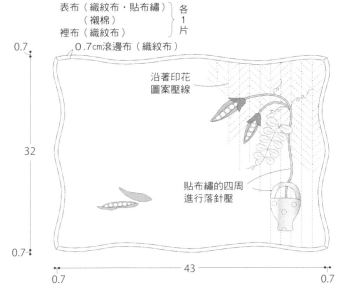

沿著印花圖案壓線

貼布繡的四周進行落針壓

32

0.7

0.7　　　　　43　　　　　0.7

＊莖部的貼布布片寬度為1.2至1.5cm的滾邊布，
　其餘則須外加縫份0.3至0.5cm，
　表布外加縫份0.7cm，襯棉&裡布外加縫份2cm再裁剪。

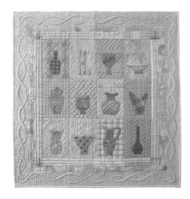

完成尺寸

長66.4cm・寬61.4cm

材料

野木棉

零碼布 12款…各16.5×11.5cm（布片a）

米色系織紋布…35×70cm（邊條I・II）

格紋織紋布…66×71cm（裡布）

零碼布 數款…適量

（貼布繡・布片b・c・d）

米色系織紋布…寬3.5cm斜布條

265cm（滾邊布）

襯棉…66×71cm

木棉線（類似粗毛線的寬度）白色

…適量（白玉拼布用）

作法

1 於布片a上製作貼布繡，參考圖1至圖3
製作表布。

2 方格與邊條的拼接處，以貼布繡用零碼
布依喜好裁剪，將縫份摺入至適當尺
寸，再沿著縫線自由配置縫合貼布繡。
完成表布。

3 將表布、襯棉與裡布三層疊合後疏縫，
並壓線。

白玉拼布的作法

材料

① 木棉線（類似粗毛線的寬度）
白色…適量

② 白玉拼布用針

1 於邊條的螺旋纜繩圖樣上製作白玉
拼布。以白玉拼布針穿入兩股線。由已
完成滾邊的拼布作品背面穿出縫針，並
於圖樣位置入針，須穿入至裡布與襯棉
之間再於約一根縫針長度處出針，拉線
至布料背面，即可開始進行白玉拼布作
業。

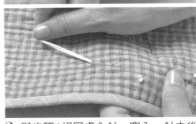

2 與步驟1相同處入針，穿入一針之後
拉線。如此反覆製作，於圖樣中穿入木
棉線。完成後整平線材再修剪餘線。

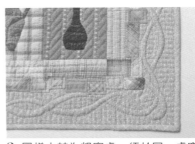

3 圖樣中較為粗寬處，須於同一處穿
線二至三次塑造形狀。

表布的縫製方法

圖1

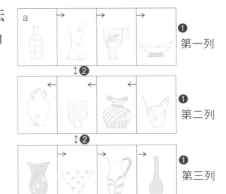

第一列

第二列

第三列

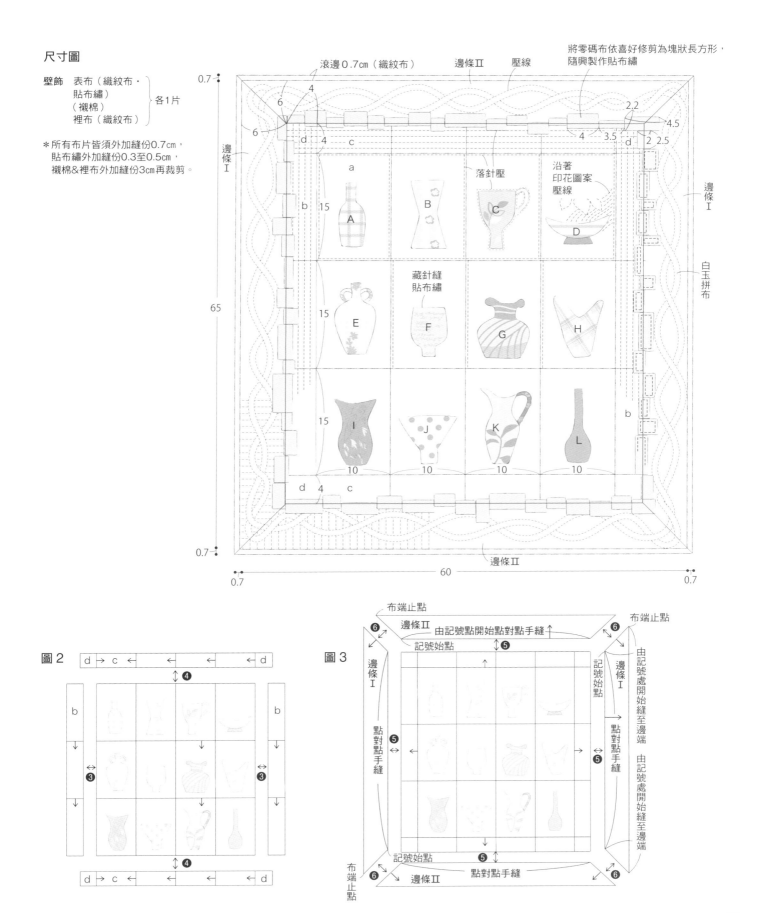

❖完成尺寸
長51cm・寬48cm

❖材料
野木棉
　印花布A…41×44cm（貼布繡底布）
　印花布B…60×90cm
　　　　（裡布・寬2.5cm的滾邊布）
　淺茶色的織紋布…30×55cm（邊條）
　零碼布　數款…各適量（貼布繡）
　襯棉…55×60cm
　25號繡線　米色・淺黃綠色・
　　　　　　淺綠色・鮭紅色…各適量

❖作法
1 花朵A至E請參考圖1至5，於底布上製作貼布繡與刺繡。
2 裁剪邊條布並縫合四邊。放置於步驟1的底布上，疏縫四周。以針尖將縫份塞入內側的同時，以立針縫固定（圖6），再於邊條與底布的相交處製作貼布繡，即完成表布。
3 將表布、襯棉與裡布三層疊合，並疏縫，疏縫時須避開花朵A至E的花瓣部分。
4 進行壓線，拆除四周之外的疏縫線。並以寬2.5cm的滾邊布進行四周滾邊（圖7）。

圖1
花朵A

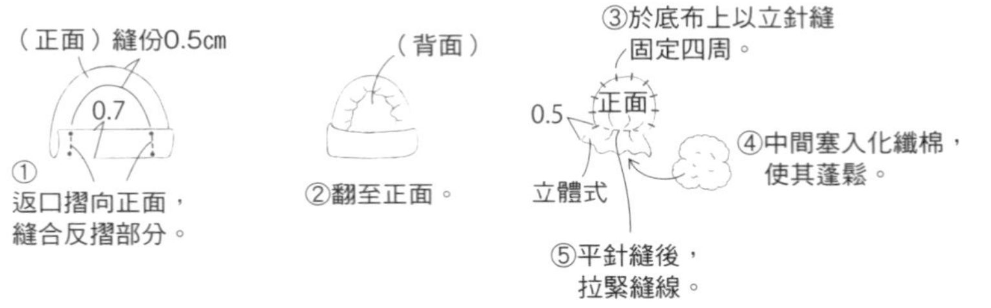

（正面）縫份0.5cm

①
返口摺向正面，縫合反摺部分。

（背面）

②翻至正面。

③於底布上以立針縫固定四周。

正面

0.5

立體式

④中間塞入化纖棉，使其蓬鬆。

⑤平針縫後，拉緊縫線。

原寸紙型

花朵A

※下側外加縫份0.7cm，
　四周外加縫份0.5cm。

圖2
花朵B

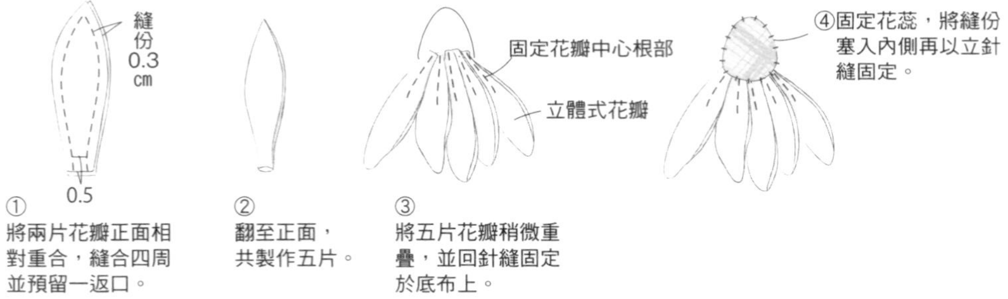

縫份
0.3
cm

0.5

①
將兩片花瓣正面相對重合，縫合四周並預留一返口。

②
翻至正面，共製作五片。

③
將五片花瓣稍微重疊，並回針縫固定於底布上。

固定花瓣中心根部

立體式花瓣

④固定花蕊，將縫份塞入內側再以立針縫固定。

圖3
花朵C

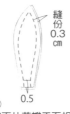

①花瓣縫製方法與花朵B相同。

②將九片花瓣的根部以回針縫固定於底布上。

③放置花蕊，將四周的縫份一邊塞入內側，一邊進行立針縫。

立體式花瓣

圖4
花朵D

①花瓣縫製方法與花朵B相同。

②以回針縫固定。

③花蕊以藏針縫方式固定。

立體式花瓣

圖5
花朵E

①花瓣縫製方法與花朵B相同。

②以回針縫固定。

③花蕊以藏針縫方式固定。

立體式花瓣

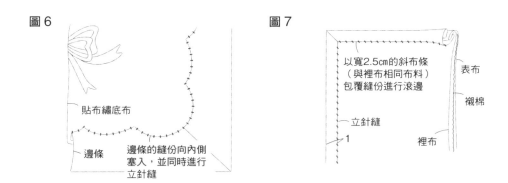

圖6
貼布繡底布
邊條
邊條的縫份向內側塞入,並同時進行立針縫

圖7
以寬2.5cm的斜布條(與裡布相同布料)包覆縫份進行滾邊
立針縫
1
表布
襯棉
裡布

尺寸圖

壁飾　表布（貼布繡）
　　　（襯棉）
　　　裡布（印花布B）　各1片

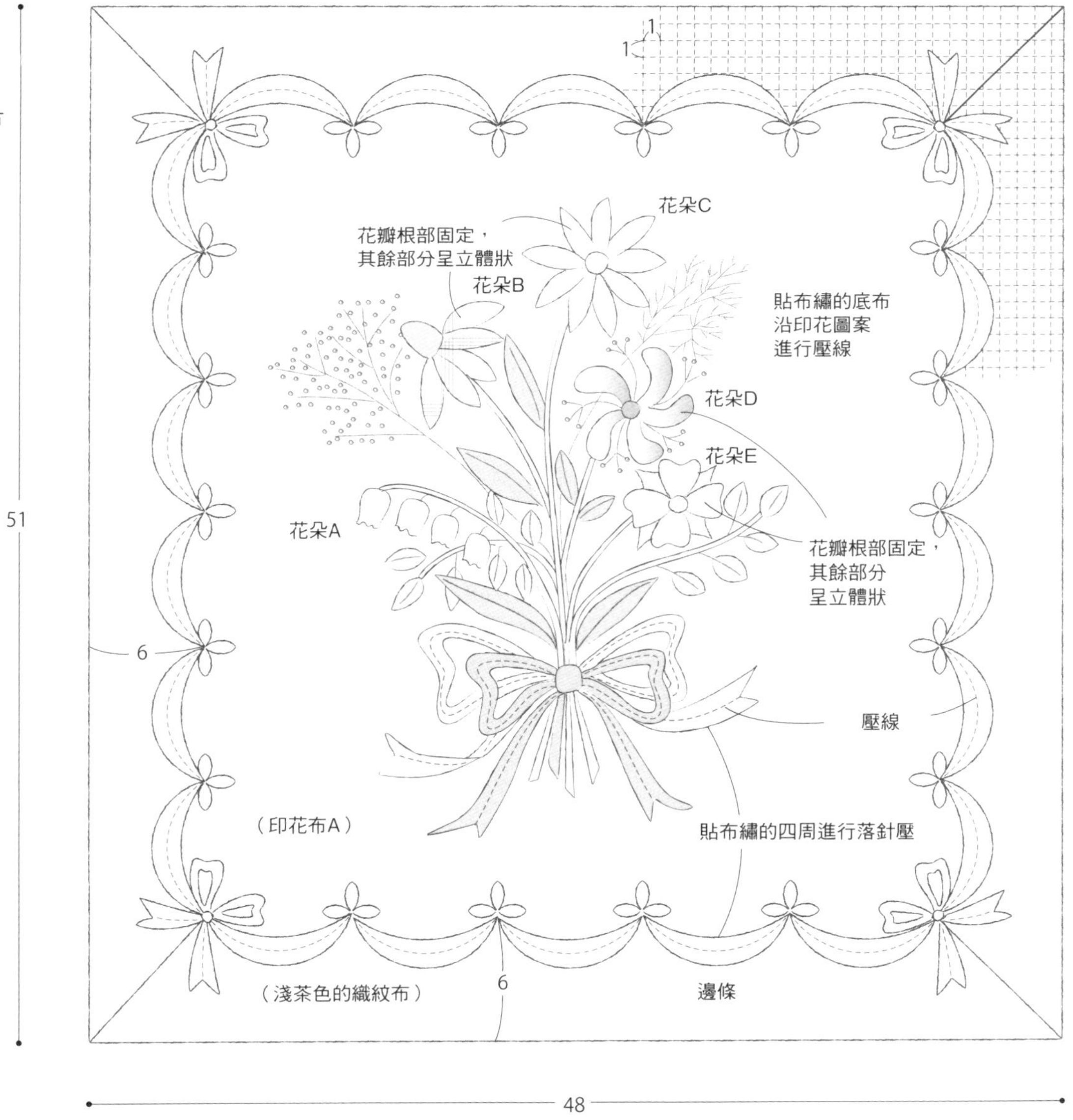

51

48

1
1

花瓣根部固定,
其餘部分呈立體狀
花朵B
花朵C

貼布繡的底布
沿印花圖案
進行壓線

花朵D
花朵E

花朵A

花瓣根部固定,
其餘部分
呈立體狀

壓線

6

（印花布A）

貼布繡的四周進行落針壓

（淺茶色的織紋布）　6　　　邊條

＊莖部的貼布布片寬度為1.2至1.5cm的滾邊布,貼布繡須外加縫份0.3至0.5cm,貼布繡底布則外加縫份1cm,
　邊條外加縫份0.7cm,襯棉&裡布外加縫份3cm再裁剪。

水壺提袋 　●原寸紙型／B面

🌸材料

野木棉

　印花布…20×30cm（表袋身）

　茶色系織紋布…10×10cm（表袋底）

　素色布…23×45cm（底布）

　水玉印花布…25×25cm（提把表布）

　米色系織紋布…4×32cm（提把裡布）

防水布　印花圖案…20×40cm（裡袋身）

襯棉…23×45cm

含膠款薄襯棉…2×30cm（提把）

25號繡線　米色・茶色・焦茶色・綠色・

　　　　　淺綠色・深綠色・米色・粉紅色・

　　　　　中粉色・深粉色・黑色・灰色…各適量

🌸完成尺寸

　高18.5cm・直徑 8.6cm

🌸作法

1 於表袋身上製作貼布繡與刺繡。將表布、襯棉、底布三層疏縫後再壓線。

2 袋底亦將表布、襯棉、底布三層疊合進行疏縫後再壓線。

3 組合步驟1的袋身與步驟2的袋底，再修剪多餘襯棉與底布。

4 裡袋身須預留一返口，縫製為筒狀後，再與袋底接縫。

5 將步驟3的表袋身與步驟4的裡布正面相對套入，車縫袋口一圈（圖1）。由裡布的返口翻至正面，再縫合返口。

6 將裡布塞入表袋中，整理袋型後，於袋口處壓線一圈（圖2）。

7 參考圖3方式縫製提把，並縫合固定於袋身（圖2）。

尺寸圖

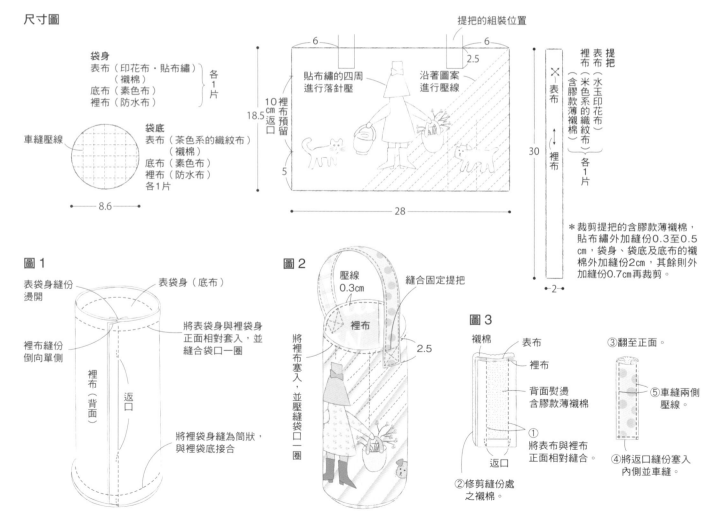

袋身
表布（印花布・貼布繡）
（襯棉）
底布（素色布）　　各1片
裡布（防水布）

袋底
表布（茶色系的織紋布）
（襯棉）
底布（素色布）
裡布（防水布）
各1片

車縫壓線

8.6

提把的組裝位置

貼布繡的四周進行落針壓

沿著圖案進行壓線

6　　　　6
2.5

10cm裡布預留返口
18.5

5

28

30

提把
裡布（米色系的織紋布）
表布（水玉印花布）
（含膠款薄襯棉）
各1片

2

＊裁剪提把的含膠款薄襯棉，貼布繡外加縫份0.3至0.5cm，袋身、袋底及底布的襯棉外加縫份2cm，其餘則外加縫份0.7cm再裁剪。

圖1
表袋身縫份燙開
表袋身（底布）
裡布縫份倒向單側
將表袋身與裡袋身正面相對套入，並縫合袋口一圈
裡布（背面）
返口
將裡袋身縫為筒狀，與裡袋底接合

圖2
壓線0.3cm
縫合固定提把
裡布
將裡布塞入，並壓縫袋口一圈
2.5

圖3
襯棉　表布
裡布
背面熨燙含膠款薄襯棉
①
返口
②修剪縫份處之襯棉。
①將表布與裡布正面相對縫合。
③翻至正面。
⑤車縫兩側壓線。
④將返口縫份塞入內側並車縫。

❖ 材料

野木棉
　淺茶色格紋織紋布…13×23cm（前表袋身）
　灰色系織紋布…13×23cm（後表袋身）
　茶色系格紋織紋布…30×40cm
　（裡袋身・裡側身・拉鍊擋布）
　格紋織紋布…30×30cm（表側身）
　印花布・條紋布…各17×22cm（口袋）
　格紋織紋布…25×25cm（提把）
　零碼布　數款…各適量（貼布繡）

襯棉…25×37cm
含膠款薄襯棉…11×22cm（後裡袋身）
中厚質含膠襯棉…4×36cm（裡側身・提把裡布）
拉鍊（水玉圖案）…長17cm　1條
25號繡線　灰色・黑色・焦茶色…各適量

❖ 完成尺寸
　長21.5cm・寬11cm
　側身2cm

❖ 作法
請依各圖示製作。

尺寸圖

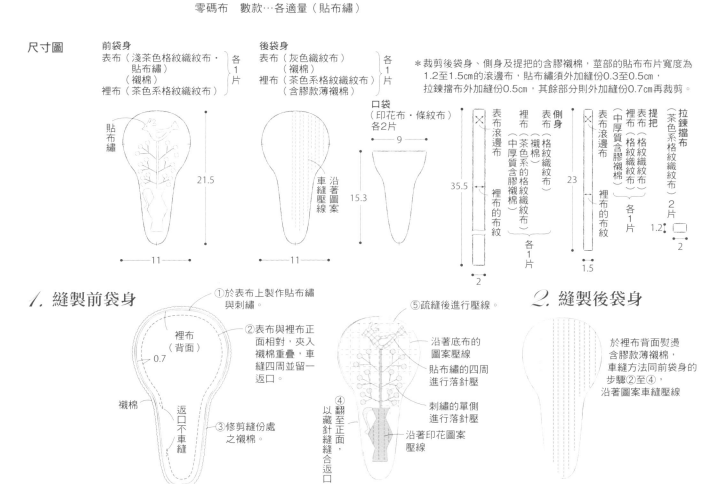

前袋身
表布（淺茶色格紋織紋布・貼布繡）　各1片
（襯棉）　1片
裡布（茶色系格紋織紋布）

後袋身
表布（灰色織紋布）　各1片
（襯棉）
裡布（茶色系格紋織紋布）　1片
（含膠款薄襯棉）

貼布繡
21.5
←　11　→

車縫壓線
沿著圖案

口袋
（印花布・條紋布）
各2片
←　9　→
15.3

表布滾邊布
裡布（格紋織紋布）
表布（格紋織紋布）
襯棉
裡布（茶色系的格紋織紋布）
中厚質含膠襯棉
裡布的布紋
側身　各1片
35.5
2

表布滾邊布
裡布（格紋織紋布）
表布（格紋織紋布）
中厚質含膠襯棉
裡布的布紋
提把　各1片
23
1.5

拉鍊擋布（茶色系格紋織紋布）　2片
1.2
2

*裁剪後袋身、側身及提把的含膠襯棉，莖部的貼布繡布片寬度為1.2至1.5cm的滾邊布，貼布繡須外加縫份0.3至0.5cm，拉鍊擋布外加縫份0.5cm，其餘部分則外加縫份0.7cm再裁剪。

1. 縫製前袋身

①於表布上製作貼布繡與刺繡。

②表布與裡布正面相對，夾入襯棉重疊，車縫四周並留一返口。

裡布（背面）
0.7
襯棉
返口不車縫
③修剪縫份處之襯棉。

⑤疏縫後進行壓線。

沿著底布的圖案壓線
貼布繡的四周進行落針壓
刺繡的單側進行落針壓
沿著印花圖案壓線

④翻至正面，以藏針縫縫合返口。

2. 縫製後袋身

於裡布背面熨燙含膠款薄襯棉，車縫方法同前袋身的步驟②至④，沿著圖案車縫壓線

3. 固定口袋

口袋（背面）
預留返口
不車縫
①將兩片口袋（相同圖案）正面相對重疊並縫合四周。
②翻至正面，以藏針縫縫合返口。

裡布
前袋身&後袋身
③口袋之袋口處車縫壓線。
④將口袋周圍以藏針縫固定於裡袋身。

4. 縫製側身

表布　襯棉　中厚質含膠襯棉
返口
側身裡布（背面）
0.7

①縫製側身。於裡布背面熨燙中厚質含膠襯棉。表布與裡布正面相對，夾入襯棉後車縫四周，並預留一返口。完成後記得修剪縫份處之襯棉。

②翻至正面，以藏針縫縫合返口。　③車縫壓線。

5. 組合完成

① 將前袋身與側身正面相對，以捲針縫固定。

側身（裡布）

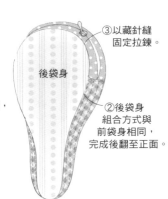

後袋身

③ 以藏針縫固定拉鍊。

② 後袋身組合方式與前袋身相同，完成後翻至正面。

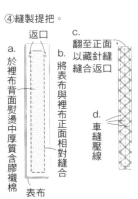

④ 縫製提把。

返口

a. 於裡布背面熨燙中厚質含膠襯棉

b. 將表布與裡布正面相對縫合

表布

c. 翻至正面，以藏針縫縫合返口

d. 車縫壓線

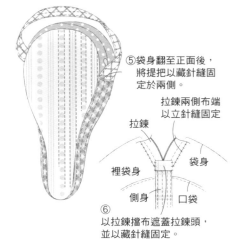

⑤ 袋身翻至正面後，將提把以藏針縫固定於兩側。

拉鍊兩側布端以立針縫固定

拉鍊

裡袋身

側身

袋身

口袋

⑥ 以拉鍊擋布遮蓋拉鍊頭，並以藏針縫固定。

作品 P. 17 小物套 ●原寸紙型／B面

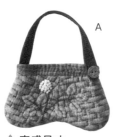

A

B

✿ 完成尺寸

A　長8cm・寬12.5cm／B　長10.5cm・寬11cm

✿ 材料

A

野木棉
　灰色系印花布…10×30cm（布片a・b）
　格子織紋圖案…10×30cm（裡布）
　茶色系印花布…20×20cm（提把）
　零碼布　數款…各適量（布片c・貼布繡）
襯棉…20×20cm
含膠襯棉…1.5×17cm（提把）
25號繡線　綠色・焦茶色…各適量
蠟線　米色…適量
鈕釦…直徑1.3cm　1顆
四合釦…1組
魔鬼氈…2×5cm

B

野木棉
　茶色系印花布…10×25cm（布片b）
　格紋織紋布…12×25cm（裡布）
　零碼布　數款…各適量
　（布片・提把・三股編織用布・貼布繡）
襯棉…12×25cm
鈕釦…直徑1.3cm　1顆
四合釦…1組
魔鬼氈…2×5cm

✿ 作法
請依照各圖示進行製作，與P.73的B款作品作法相同。

A款作法

*裁剪提把的含膠襯棉，
貼布繡須外加縫份0.3至0.5cm，
其餘部分則外加縫份0.7cm再裁剪。

尺寸圖

前袋身
表布（拼接布片・貼布繡）
（襯棉）各1片
裡布（格紋織紋布）

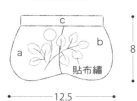

c

a　　b

貼布繡

8

12.5

後袋身
表布（拼接布片）
（襯棉）各1片
裡布（格紋織紋布）

c

提把固定位置

b′　　a′

12.5

提把
表布・裡布（印花布）
（襯棉）各1片
（含膠襯棉）

17

1.5

提把的作法

返口

襯棉

表布

② 縫合。

① 於裡布背面熨燙含膠襯棉。

③ 修剪縫份處之襯棉。

④ 翻至正面並壓線。

表袋身作法

點對點車縫

c

↑

由邊緣開始

a　　b

記號止點

完成圖示

袋口內側須縫合固定魔鬼氈

固定裝飾釦

固定四合釦

沿著印花圖案進行壓線

B 款作法

尺寸圖

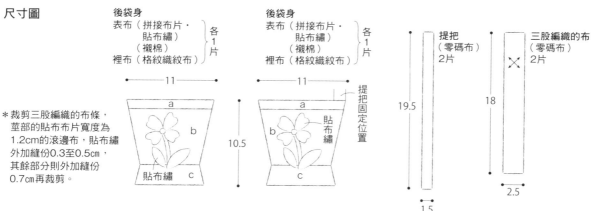

後袋身
表布（拼接布片・貼布繡）（襯棉）} 各1片
裡布（格紋織紋布）

後袋身
表布（拼接布片・貼布繡）（襯棉）} 各1片
裡布（格紋織紋布）

提把固定位置

貼布繡

提把（零碼布）2片

三股編織的布（零碼布）2片

11

11

10.5

19.5

18

2.5

1.5

* 裁剪三股編織的布條，
莖部的貼布布片寬度為
1.2cm的滾邊布，貼布繡
外加縫份0.3至0.5cm，
其餘部分則外加縫份
0.7cm再裁剪。

a
b
c 貼布繡

a
b
c

---

1. 縫製提把

2. 縫製袋身

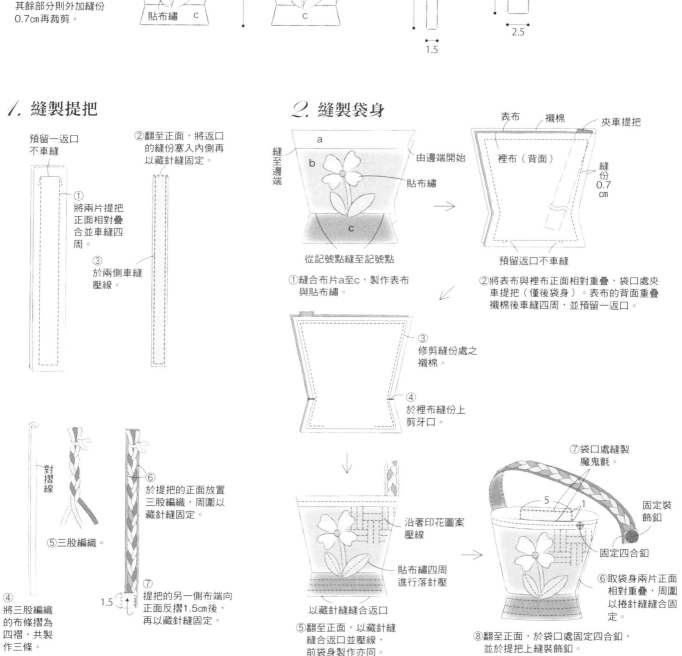

① 預留一返口不車縫

② 翻至正面，將返口的縫份塞入內側再以藏針縫固定。

① 將兩片提把正面相對疊合並車縫四周。

③ 於兩側車縫壓線。

④ 將三股編織的布條摺為四褶，共製作三條。

對摺線

⑤ 三股編織。

⑥ 於提把的正面放置三股編織，周圍以藏針縫固定。

⑦ 提把的另一側布端向正面反摺1.5cm後，再以藏針縫固定。

1.5

由邊端開始

縫至邊端

貼布繡

a
b
c

從記號點縫至記號點

① 縫合布片a至c，製作表布與貼布繡。

表布　襯棉　夾車提把

裡布（背面）

縫份0.7cm

預留返口不車縫

② 將表布與裡布正面相對重疊，袋口處夾車提把（僅後袋身）。表布的背面重疊襯棉後車縫四周，並預留一返口。

③ 修剪縫份處之襯棉。

④ 於裡布縫份上剪牙口。

沿著印花圖案壓線

貼布繡四周進行落針壓

以藏針縫縫合返口

⑤ 翻至正面，以藏針縫縫合返口並壓線，前袋身製作亦同。

⑦ 袋口處縫製魔鬼氈。

5　1

固定裝飾釦

固定四合釦

⑥ 取袋身兩片正面相對重疊，周圍以捲針縫縫合固定。

⑧ 翻至正面，於袋口處固定四合釦，並於提把上縫裝飾釦。

73

♣ **完成尺寸**
直徑13cm

♣ **材料**
野木棉
　印花布…15×30cm（表袋身）
　茶色系織紋布…35×35cm
　（裡袋身・寬2.5cm的滾邊布）
　綠色系印花布2種…各適量（葉片）
　綠色系織紋…少許（拉鍊吊耳布）
　織紋布…10×10cm（貼布繡底布）
格紋法蘭絨…30×45cm（花瓣）
襯棉…17×35cm
雙面厚質絨布襯…5×26cm
拉鍊…長15.5cm　1條
提把…1條

♣ **作法**
1 於前袋身中央底布上製作貼布繡，將表布、襯棉與裡布三層疊合後疏縫並壓線。後袋身壓線方式亦同。
2 於前裡袋身上描繪完成線。與後裡袋身正面相對重疊，預留拉鍊位置後，車縫四周固定。
3 裁剪與裡布相同的布料製作2.5×40cm（寬×長）的滾邊布，再以滾邊布包覆四周縫份。
4 參考圖1圖示，製作拉鍊吊耳布，並穿過提把的圓環。吊耳布之布邊須縫合固定於袋口左側身（圖5）。
5 袋口處以全回針縫技巧固定拉鍊（圖5）。
6 參考圖2至4，製作花瓣及葉片。
7 於前袋身的貼布繡底布四周依個人喜好縫製五片葉子。預留中心位置，由底部開始固定十一片花瓣B，同時須注意花朵形狀，最後於中心縫合固定花瓣A（圖5）。

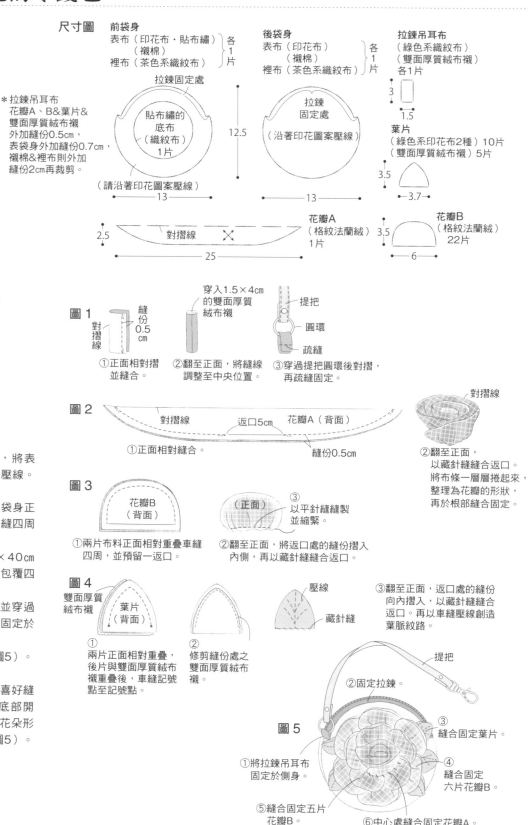

尺寸圖

前袋身
表布（印花布・貼布繡）　各
　（襯棉）　　　　　　　1
裡布（茶色系織紋布）　　片

拉鍊固定處
貼布繡的底布（織紋布）1片
12.5
（請沿著印花圖案壓線）
13

後袋身
表布（印花布）　各
　（襯棉）　　　1
裡布（茶色系織紋布）片

拉鍊固定處（沿著印花圖案壓線）
13

拉鍊吊耳布
（綠色系織紋布）
（雙面厚質絨布襯）各1片
3
1.5

葉片
（綠色系印花布2種）10片
（雙面厚質絨布襯）5片
3.5
3.7

＊拉鍊吊耳布
花瓣A、B&葉片&雙面厚質絨布襯外加縫份0.5cm，表袋身外加縫份0.7cm，襯棉&裡布則外加縫份2cm再裁剪。

2.5　對摺線　×
25

花瓣A（格紋法蘭絨）1片
3.5

花瓣B（格紋法蘭絨）22片
6

圖1
①對摺線　縫份0.5cm
①正面相對摺並縫合。
②翻至正面，將縫線調整至中央位置。
穿入1.5×4cm的雙面厚質絨布襯
③穿過提把圓環後對摺，再疏縫固定。
提把　圓環　疏縫

圖2
對摺線　返口5cm　花瓣A（背面）
①正面相對縫合。　縫份0.5cm
對摺線
②翻至正面，以藏針縫縫合返口。將布條一層層捲起來，整理為花瓣的形狀，再於根部縫合固定。

圖3
花瓣B（背面）
①兩片布料正面相對重疊車縫四周，並預留一返口。
（正面）③以平針縫製並縮緊。
②翻至正面，將返口處的縫份摺入內側，再以藏針縫縫合返口。

圖4
雙面厚質絨布襯　葉片（背面）
①兩片正面相對重疊，後片與雙面厚質絨布襯重疊後，車縫記號點至記號點。
②修剪縫份處之雙面厚質絨布襯。
壓線　藏針縫
③翻至正面，返口處的縫份向內摺入，以藏針縫縫合返口。再以車縫壓線創造葉脈紋路。

圖5
提把
②固定拉鍊
③縫合固定葉片。
①將拉鍊吊耳布固定於側身。
④縫合固定六片花瓣B。
⑤縫合固定五片花瓣B。
⑥中心處縫合固定花瓣A。

作品 p. *16* 　花車零錢包

❖ 完成尺寸
長9.5cm・寬22cm
側身6cm

❖ 材料
野木棉
　水玉印花布…11×18cm（後表袋身）
　格紋織紋布…25×40cm（裡布）
　格紋織紋布…8×30cm（布片e・d）
　格紋織紋布…20×20cm
　　　　（提把・布片f・拉鍊裝飾布）
零碼布數種…各適量（貼布繡・布片a・b・c）
格紋織紋布…寬3.5cm滾邊布　50cm
襯棉…25×40cm
含膠款薄襯棉…6×26cm（側身）
中厚質含膠襯棉…1.5×15cm（提把）
拉鍊…長19cm　1條
花形鈕釦…直徑1.5cm　2顆
25號繡線　芥末色・酒紅色・綠色・
　　　　　深灰色…各適量

❖ 作法
1 拼接布片，車縫前表袋身，並製作貼布繡與刺繡裝飾。將表布、襯棉及裡布三層疊合後疏縫並壓線。
2 後表袋身僅以一片布料製作，將表布、襯棉及裡布三層疊合後進行壓線。
3 拼接布片，製作表側身。裡側身背面熨燙含膠款薄襯棉，並與襯棉 表布疊合後疏縫，再運用縫紉機車縫壓線。
4 參考P.91束口袋步驟，製作一條提把。並疏縫固定於表側身（圖1）。
5 縫合袋身與側身，縫份處則運用裡側身布料包覆後滾邊。
6 袋身的開口處以寬3.5cm的斜布條包覆，則完成滾邊。內側以全回針縫固定拉鍊（圖3）。
7 縫製拉鍊裝飾（圖2）。
8 將拉鍊頭穿入拉鍊裝飾，並以兩顆鈕釦固定（圖3）。

尺寸圖

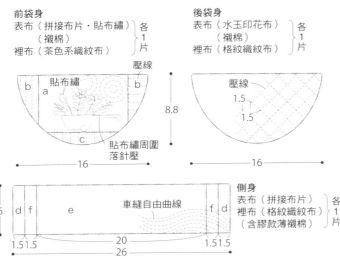

前袋身
表布（拼接布片・貼布繡）
（襯棉）
裡布（茶色系織紋布）
各1片

後袋身
表布（水玉印花布）
（襯棉）
裡布（格紋織紋布）
各1片

壓線
貼布繡
a
b
b
c
貼布繡周圍落針壓
8.8
16

壓線
1.5
1.5
16

表布
裡布
15
1.5

表布・裡布（格紋織紋布）
中厚質含膠襯棉
提把
各1片

拉鍊裝飾布
（格紋織紋布）
1片
×
6.5
3
裁剪

側身
表布（拼接布片）
裡布（格紋織紋布）
（含膠款薄襯棉）
各1片

6
d f
e
車縫自由曲線
f d
1.5 1.5
20
1.5 1.5
26

＊裁剪拉鍊裝飾布・提把的中厚質含膠襯棉・側身的含膠款薄襯棉，袋身與側身的襯棉・裡布外加縫份cm，貼布繡外加縫份0.3至0.5cm，其餘部分外加縫份0.7cm再裁剪。

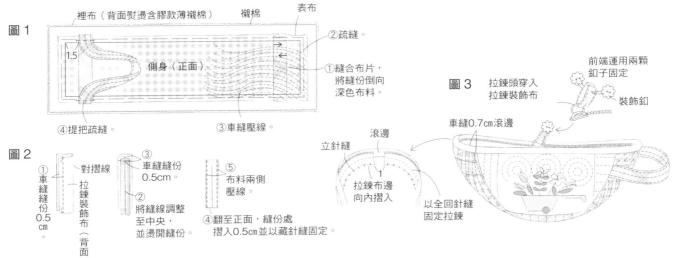

裡布（背面熨燙含膠款薄襯棉）　襯棉　表布

圖1
1.5
側身（正面）
②疏縫。
①縫合布片，將縫份倒向深色布料。
④提把疏縫。
③車縫壓線。

圖2
①車縫縫份0.5cm。
對摺線
拉鍊裝飾布（背面）
③車縫縫份0.5cm
②將縫線調整至中央，並燙開縫份。
⑤布料兩側壓線。
④翻至正面，縫份處摺入0.5cm並以藏針縫固定。

圖3
拉鍊頭穿入拉鍊裝飾布
前端運用兩顆釦子固定
裝飾釦
車縫0.7cm滾邊
滾邊
立針縫
拉鍊布邊向內摺入
以全回針縫固定拉鍊

75

❧ 完成尺寸
長22cm・寬16cm
（對摺後的尺寸）
❧ 筆記本尺寸　A5

❧ 材料
麻布　米色系條紋布…22×70cm
（書衣本體・貼邊A・B）
野木棉
　格紋織紋布…7×35cm（下側布）
　水玉印花布…25×20cm（內側中央布）
零碼布　數款…各適量（貼布繡）
含膠款薄襯棉…22×61cm
25號繡線　淺綠色・黃色・灰色・黑色
　…各適量
鈕釦…直徑1.5cm　1顆
四合釦…1組

❧ 作法
1 於書衣本體上進行貼布繡與刺繡，再與下側布縫合，縫份倒向下側布。於背面熨燙含膠款薄襯棉。
2 貼邊A・B各自與下側布縫合，並於背面熨燙含膠款薄襯棉。於表面其中一側的縫份處製作滾邊（圖1）。
3 書衣本體與貼邊A・B正面相對，再疊合內側中央布，並車縫四周（圖2）。
4 於曲線處的縫份剪入牙口後，翻至正面，再組裝四合釦與裝飾釦（參考圖3・尺寸圖）。

尺寸圖

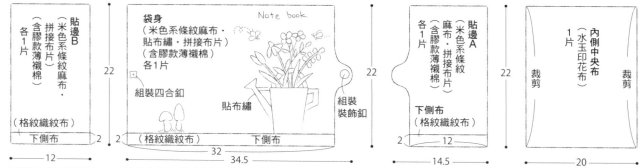

貼邊B（米色系條紋麻布・拼接布片）（含膠款薄襯棉）各1片
（格紋織紋布）下側布
12　2

袋身（米色系條紋麻布・貼布繡・拼接布片）（含膠款薄襯棉）各1片
組裝四合釦
貼布繡
組裝裝飾釦
Note book
22
2（格紋織紋布）下側布
32
34.5

貼邊A（米色系條紋麻布・拼接布片）（含膠款薄襯棉）各1片
下側布（格紋織紋布）
22
2　12
14.5

內側中央布（水玉印花布）1片
裁剪　　裁剪
22
20

＊裁剪含膠款薄襯棉、內側中央布的兩側，莖部的貼布布片寬度為1.2至1.5cm的滾邊布，貼布繡外加縫份0.3至0.5cm，貼邊A・B的外側外加縫份1.5cm，其餘部分外加縫份0.7cm再裁剪。

圖1

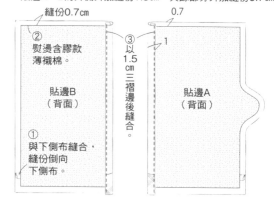

縫份0.7cm　　0.7
②熨燙含膠款薄襯棉。
貼邊B（背面）
①與下側布縫合，縫份倒向下側布。
③以1.5cm三褶邊後縫合。
1
貼邊A（背面）

圖2

袋身（正面）
貼邊B（背面）　內側中央布
貼邊A（背面）
（背面）
由此處翻至正面
⑤圓弧處剪牙口。
縫份0.7cm

④將書衣本體・貼邊A・B與內側中央布正面相對疊合，車縫四周。

圖3

插入筆記本封面&封底
貼邊A（正面）
內側中央布（正面）
貼邊B（正面）
⑦組裝磁釦。

⑥翻至正面，並整燙。

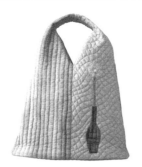

完成尺寸
前袋身長：27cm
袋底長×寬：10×33cm

材料
野木棉
　織紋布2種…各40×50cm（表袋身）
　織紋布…12×35cm（表袋底）
　格紋織紋布…90×90cm
　（裡布・貼邊・寬2.5cm的滾邊布）
零碼布2種…各適量（貼布繡）
襯棉…45×110cm
含膠款薄襯棉…24×36cm（貼邊布）
厚質含膠襯棉…10.5×33.5cm（袋底）
25號繡線　米色…適量

作法
1 於右表袋身製作貼布繡與刺繡。左、右表袋身於前側中央處縫合，縫份倒向左袋身，重疊表布、襯棉及裡布三層疊合後進行壓線。以相同方法再製作一片。

2 於步驟1的背面描繪完成線，再與前片中央的貼邊布（背面熨燙含膠款薄襯棉）正面相對疊合車縫完成線，修剪多餘縫份後，將貼邊翻至裡布，並摺至完成線，以藏針縫縫合固定。運用相同方法再製作一片。

3 疊合兩片袋身，並縫合側邊。以裡布包覆縫份進行滾邊。由側邊止縫處開始，以寬2.5cm的滾邊布（與裡布相同布料）包覆提把縫份滾邊。

4 車縫袋口與提把兩側壓線。

5 於裡袋底背面熨燙厚質含膠襯棉，依序疊合表布、襯棉及裡布後進行壓線。

6 縫合袋身與袋底，以裡袋身布料包覆縫份處滾邊。

7 車縫左、右袋身上端，縫合提把。修剪縫份處之襯棉，裡布縫份修齊為0.7cm。燙開縫份，將提把寬處對摺，車縫長度14cm固定形狀即完成。

尺寸圖

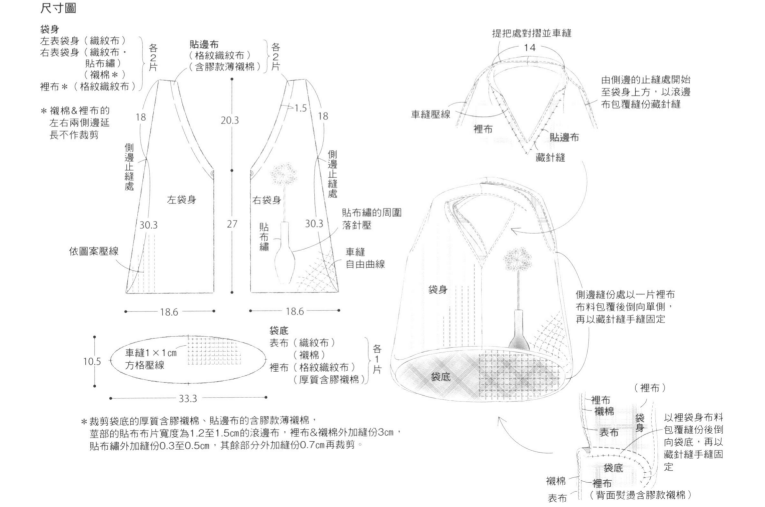

袋身
左表袋身（織紋布）
右表袋身（織紋布・貼布繡）（襯棉＊）
裡布＊（格紋織紋布）
各2片

＊襯棉&裡布的左右兩側邊延長不作裁剪

貼邊布（格紋織紋布）（含膠款薄襯棉）
各2片

18　20.3　1.5　18

側邊止縫處

左袋身　27　右袋身　貼布繡

30.3　30.3

依圖案壓線
貼布繡的周圍落針壓
車縫自由曲線

18.6　18.6

袋底
表布（織紋布）（襯棉）
裡布（格紋織紋布）（厚質含膠襯棉）
各1片

10.5　車縫1×1cm方格壓線
33.3

＊裁剪袋底的厚質含膠襯棉、貼邊布的含膠款薄襯棉，莖部的貼布繡片寬度為1.2至1.5cm的滾邊布，裡布&襯棉外加縫份3cm，貼布繡外加縫份0.3至0.5cm，其餘部分外加縫份0.7cm再裁剪。

提把處對摺並車縫
14
車縫壓線
裡布
貼邊布
藏針縫
由側邊的止縫處開始至袋身上方，以滾邊布包覆縫份藏針縫

袋身

袋底

側邊縫份處以一片裡布布料包覆後倒向單側，再以藏針縫手縫固定

裡布
襯棉
表布
袋身
以裡袋身布料包覆縫份後倒向袋底，再以藏針縫手縫固定

（裡布）

襯棉
裡布
表布
袋底
（背面熨燙含膠款襯棉）

花卉提袋　●原寸紙型／B面

❧ 完成尺寸
　長 24cm・寬37cm
　側身7cm

❧ 材料
野木棉
　印花布…38×50cm（前表袋身・提把裡布）
　印花布…28×40cm（後表袋身）
　印花布…10×80cm（表側身）
　格紋織紋布…80×90cm
　（裡袋身・裡側身・寬2.5cm的滾邊布）
　零碼布數種…各適量（貼布繡）
　格紋織紋布…寬3.5cm斜布條　210cm
　（袋口及提把的滾邊布）
　襯棉…45×110cm
　含膠款薄襯棉…26×37cm（後袋身）
　中厚質含膠襯棉…9×38cm（提把）
　厚質含膠襯棉…7×77cm（側身）
　尼龍織帶　米色…寬4.5cm　76cm（提把）
　25號繡線　綠色・灰色…各適量
　木製鈕釦…直徑3cm　4顆

❧ 作法
1 縫製前袋身&後袋身（圖1・圖2）。以滾邊
　布處理前袋身&後袋身之袋口（圖3）。
2 縫製側身（圖4），並組合袋身與側身。運
　用與裡布相同的布料，裁剪寬2.5cm作為滾
　邊布（圖5）。
3 縫製提把（圖6），並將提把固定於袋身，
　完成花卉包（圖7）。

尺寸圖

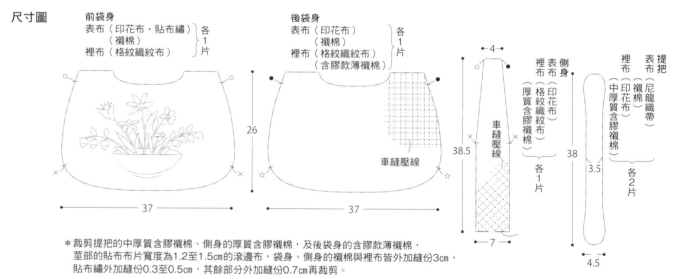

＊裁剪提把的中厚質含膠襯棉、側身的厚質含膠襯棉，及後袋身的含膠款薄襯棉，
　莖部的貼布布片寬度為1.2至1.5cm的滾邊布，袋身、側身的襯棉與裡布皆外加縫份3cm，
　貼布繡外加縫份0.3至0.5cm，其餘部分外加縫份0.7cm再裁剪。

圖1

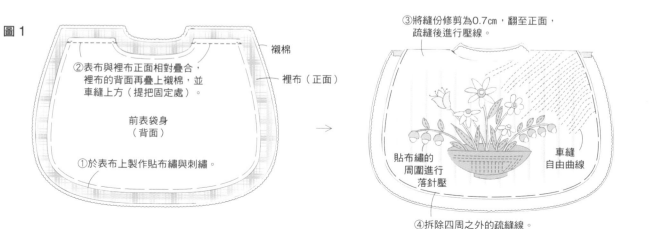

②表布與裡布正面相對疊合，
　裡布的背面再疊上襯棉，並
　車縫上方（提把固定處）。

　　　前表袋身
　　　（背面）

①於表布上製作貼布繡與刺繡。

襯棉
裡布（正面）

③將縫份修剪為0.7cm，翻至正面，
　疏縫後進行壓線。

貼布繡的
周圍進行
落針壓

車縫
自由曲線

④拆除四周之外的疏縫線。

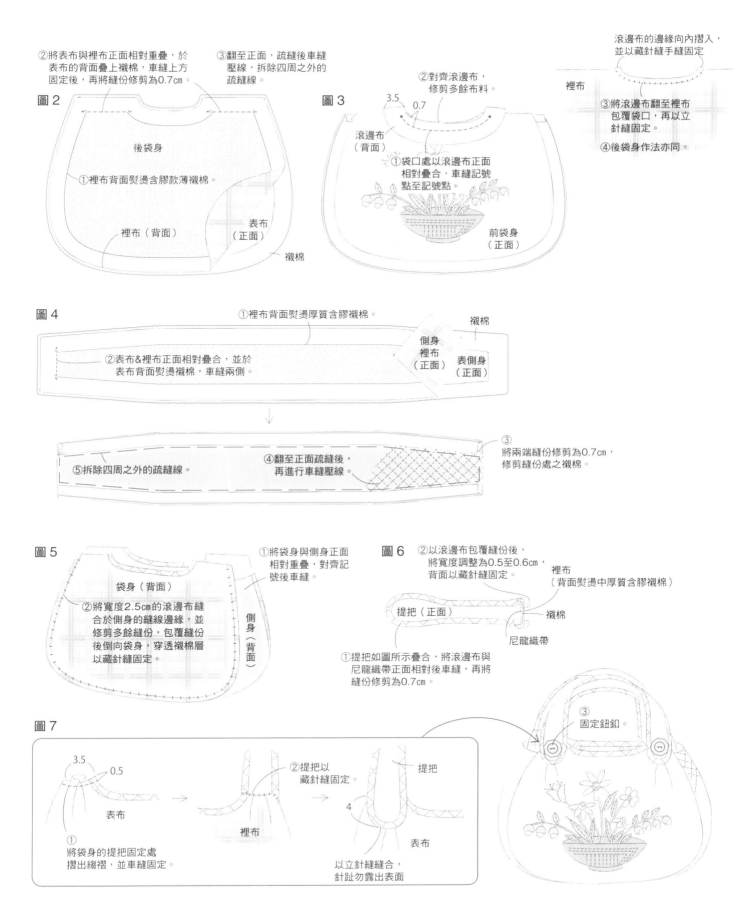

②將表布與裡布正面相對重疊，於表布的背面疊上襯棉，車縫上方固定後，再將縫份修剪為0.7cm。

③翻至正面，疏縫後車縫壓線，拆除四周之外的疏縫線。

圖2

後袋身

①裡布背面熨燙含膠款薄襯棉。

裡布（背面）

表布（正面）

襯棉

②對齊滾邊布，修剪多餘布料。

圖3

3.5　0.7

滾邊布（背面）

①袋口處以滾邊布正面相對疊合，車縫記號點至記號點。

前袋身（正面）

滾邊布的邊緣向內摺入，並以藏針縫手縫固定

裡布

③將滾邊布翻至裡布包覆袋口，再以立針縫固定。

④後袋身作法亦同。

圖4

①裡布背面熨燙厚質含膠襯棉。

襯棉

側身裡布（正面）

表側身（正面）

②表布&裡布正面相對疊合，並於表布背面熨燙襯棉，車縫兩側。

⑤拆除四周之外的疏縫線。

④翻至正面疏縫後，再進行車縫壓線。

③將兩端縫份修剪為0.7cm，修剪縫份處之襯棉。

圖5

袋身（背面）

①將袋身與側身正面相對重疊，對齊記號後車縫。

②將寬度2.5cm的滾邊布縫合於側身的縫線邊緣，並修剪多餘縫份，包覆縫份後倒向袋身，穿透襯棉層以藏針縫固定。

側身（背面）

圖6

②以滾邊布包覆縫份後，將寬度調整為0.5至0.6cm，背面以藏針縫固定。

裡布（背面熨燙中厚質含膠襯棉）

提把（正面）

襯棉

尼龍織帶

①提把如圖所示疊合，將滾邊布與尼龍織帶正面相對後車縫，再將縫份修剪為0.7cm。

③固定鈕釦。

圖7

3.5　0.5

表布

①將袋身的提把固定處摺出縐褶，並車縫固定。

②提把以藏針縫固定。

裡布

提把

4

表布

以立針縫縫合，針趾勿露出表面

79

信鴿貼布繡提袋　●原寸紙型／A面

完成尺寸
長21㎝・寬32㎝・
側身8㎝

❦材料
野木棉
　格紋A織紋布…35×110㎝（表袋身・表側身）
　織紋布…55×80㎝（裡袋身・裡側身・寬2.5㎝
　的滾邊條）
　格紋B織紋布…5×14㎝（耳絆）
　零碼布數種…各適量（貼布繡）
麻布　黑色…11×51㎝（提把）
襯棉…55×80㎝
中厚質含膠襯棉…21×32㎝（後袋身）
厚質含膠襯棉…15×60㎝（側身）
25號繡線　黑色・藏青色・綠色・灰色…各適量
縫線　茶色…適量
拉鍊…長40㎝　1條
水玉圖案皮帶…寬1㎝　100㎝
配件…2個

❦作法
1 於前表袋身製作貼布繡與刺繡。將表布、襯棉
　及裡布三層疊合疏縫後，進行壓線。
2 後裡袋身背面運燙中厚質含膠襯棉。再與襯棉
　及裡布三層疏縫後，車縫壓線。
3 參考圖1製作兩條提把。
4 參考圖2縫製兩片耳絆。
5 參考圖3縫製側身A，參考圖4縫製側身B。
6 縫合側身A與B，成一筒狀。運用寬2.5㎝的滾
　邊條包覆縫份滾邊（圖5）。
7 縫合前袋身與側身，並預留裡袋身的縫份，將
　縫份寬度修剪為0.7㎝，以預留的裡布包覆縫
　份，並倒向側身，再以藏針縫固定。
8 翻至正面，將提把以藏針縫固定於袋身，再以
　直線繡固定（圖6）。

尺寸圖

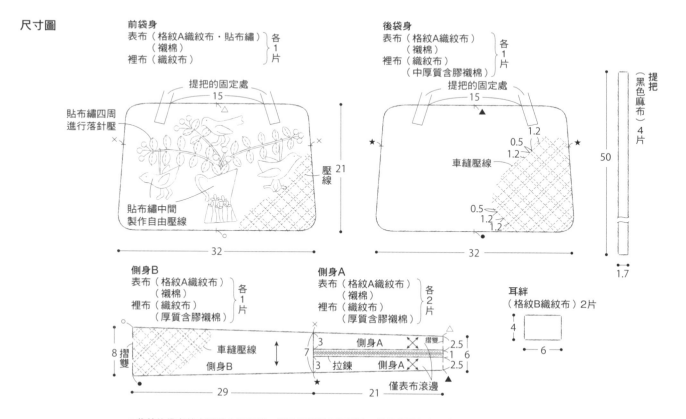

＊裁剪後袋身的中厚質含膠襯棉、側身的厚質含膠襯棉，莖部的貼布布片寬度為1.2至1.5㎝的滾邊布，
　提把&耳絆外加縫份0.5㎝，襯棉&裡布則外加縫份3㎝，貼布繡外加縫份0.3至0.5㎝，其餘部分外加縫份0.7㎝再裁剪。

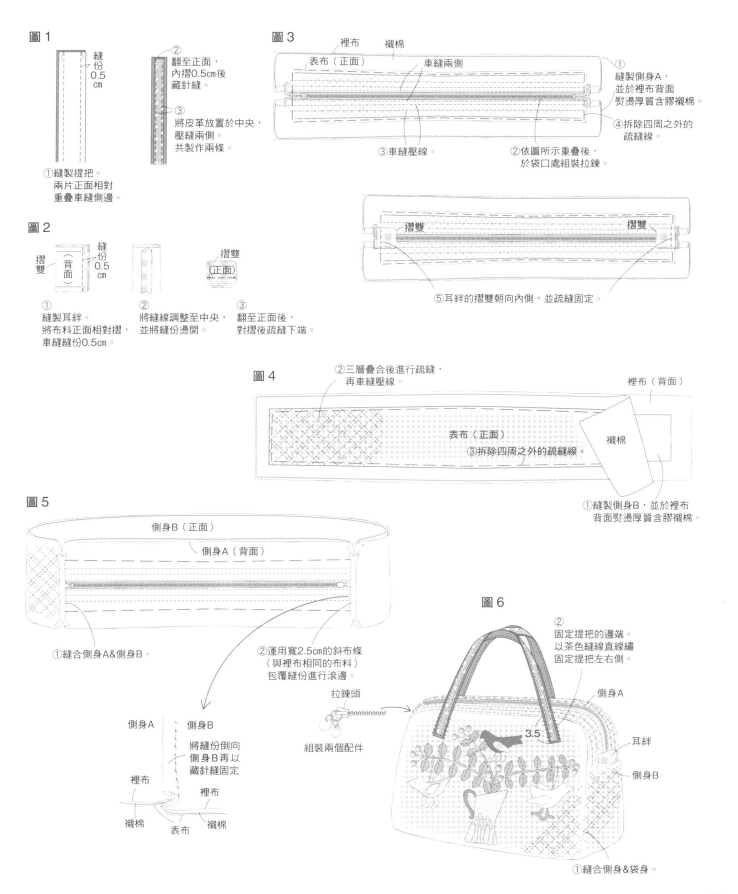

圖1

縫份
0.5
cm

②翻至正面，
內摺0.5cm後
藏針縫。

③將皮革放置於中央，
壓縫兩側。
共製作兩條。

①縫製提把。
兩片正面相對
重疊車縫側邊。

圖2

摺雙

縫份
0.5
cm

（背面）

①縫製耳絆。
將布料正面相對摺，
車縫縫份0.5cm。

②將縫線調整至中央，
並將縫份燙開。

摺雙

（正面）

③翻至正面後，
對摺後疏縫下端。

圖3

裡布　　襯棉
表布（正面）　　車縫兩側

①縫製側身A，
並於裡布背面
熨燙厚質含膠襯棉。

④拆除四周之外的
疏縫線。

③車縫壓線。

②依圖所示重疊後，
於袋口處組裝拉鍊。

摺雙　　　　　　　摺雙

⑤耳絆的摺雙朝向內側，並疏縫固定。

圖4

②三層疊合後進行疏縫，
再車縫壓線。

裡布（背面）

表布（正面）
③拆除四周之外的疏縫線。

襯棉

①縫製側身B，並於裡布
背面熨燙厚質含膠襯棉。

圖5

側身B（正面）

側身A（背面）

①縫合側身A&側身B。

②運用寬2.5cm的斜布條
（與裡布相同的布料）
包覆縫份進行滾邊。

側身A　　側身B

將縫份倒向
側身B再以
藏針縫固定

裡布　　　　裡布

襯棉　　　表布　　襯棉

拉鍊頭

組裝兩個配件

圖6

②固定提把的邊端。
以茶色縫線直線繡
固定提把左右側。

側身A

3.5

耳絆

側身B

①縫合側身&袋身。

材料

野木棉
　格紋A織紋布…55×110cm（裡布）
　格紋B織紋布…23×58cm（口袋表布）
　格紋C織紋布…10×65cm（表側身）
　水玉印花布…25×60cm
　　　　　　（後表袋身・寬2.5cm袋口用滾邊布）
　零碼布數種…各適量（拼接布片・貼布繡）
　米色系的印花布…18×22cm（貼布繡的底布）
　格紋織紋布…寬3.8cm斜布條　140cm（滾邊布）
襯棉…41×70cm
厚質含膠襯棉…30×81cm
　　　　　　（後袋身・口袋・側身）
雙面接著襯…21×54cm
25號繡線　米色・淺茶色・茶色・綠色…各適量
尼龍織帶　米色…寬2cm　46cm（提把）
皮革帶　米色…寬1.5cm　46cm
拉鍊…25cm　2條
配件　黑色…長3.5cm　2個
裝飾珠2種…各1顆
蠟線　灰色…30cm

完成尺寸

長21cm・寬27cm
側身8cm

作法

1 縫製兩條提把（圖1）。
2 參考圖2製作兩片口袋。
3 拼接布片製作前表袋身後，再進行貼布繡，將表布、襯棉及裡布三層疊合後疏縫。壓線後，拆除四周之外的疏縫線。袋口處縫合以寬2.5cm的斜布條滾邊（圖3）。
4 後裡袋身背面熨燙厚質含膠襯棉，三層疊合後車縫壓線。袋口處的縫份依圖3作法進行滾邊。
5 將拉鍊固定於袋身及口袋之袋口處（圖4）。
6 依圖5作法縫製側身。
7 將袋身與側身背面相對，沿完成線車縫。
8 將其中一片袋身與寬3.8cm的滾邊布正面相對，沿步驟7的完成線進行車縫。對齊襯棉、裡布與滾邊布的布邊，再修剪多餘縫份。以滾邊布包覆縫份，於側身縫線邊緣以藏針縫固定（圖6）。
9 組裝拉鍊頭配件與裝飾珠（圖7）。

尺寸圖

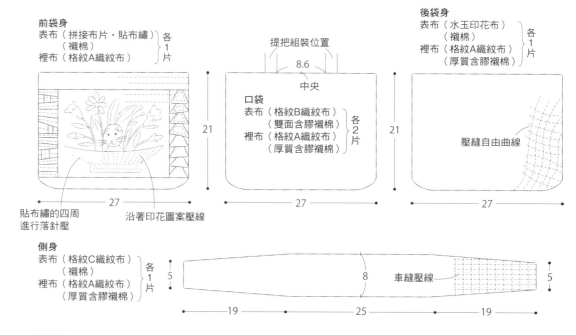

前袋身
表布（拼接布片・貼布繡）
（襯棉）
裡布（格紋A織紋布）
各1片

貼布繡的四周進行落針壓
沿著印花圖案壓線
27
21

提把組裝位置
8.6
中央

口袋
表布（格紋B織紋布）
（雙面含膠襯棉）
裡布（格紋A織紋布）
（厚質含膠襯棉）
各2片
27
21

後袋身
表布（水玉印花布）
（襯棉）
裡布（格紋A織紋布）
（厚質含膠襯棉）
各1片

壓縫自由曲線
27
21

側身
表布（格紋C織紋布）
（襯棉）
裡布（格紋A織紋布）
（厚質含膠襯棉）
各1片
5
8
車縫壓線
5
19　25　19

＊裁剪袋身、口袋、側身的厚質含膠襯棉及口袋的雙面接著襯，
　莖部的貼布布片寬度為1.2至1.5cm的滾邊布，袋身&側身的襯棉須外加縫份3cm，
　貼布繡外加縫份0.3至0.5cm，其餘部分則外加縫份0.7cm再裁剪。

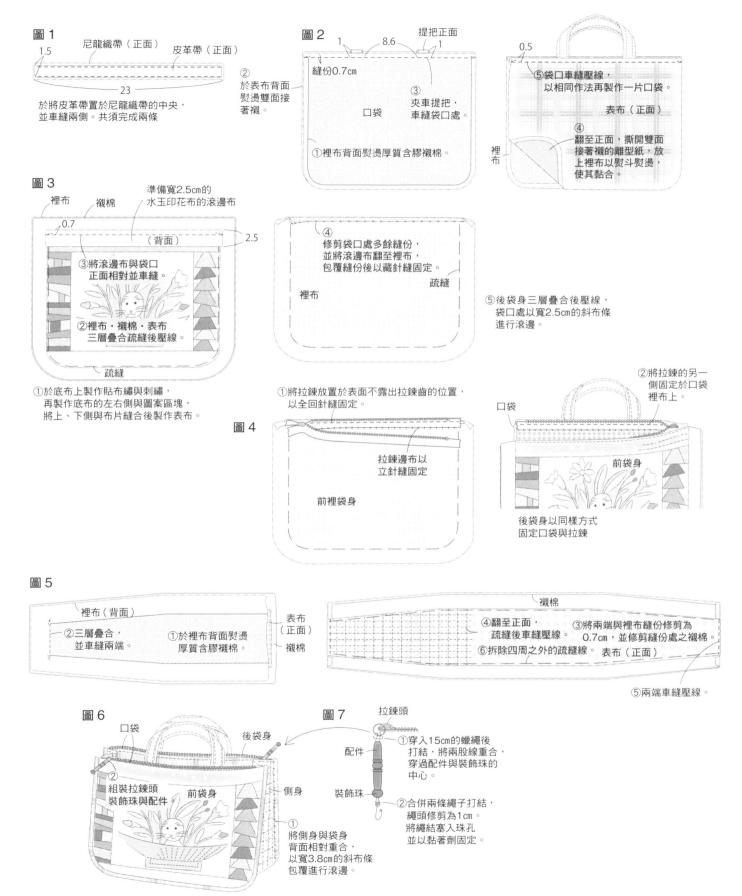

圖1

尼龍織帶（正面）　皮革帶（正面）

1.5

23

於將皮革帶置於尼龍織帶的中央，
並車縫兩側。共須完成兩條

圖2

提把正面

1　　8.6　　1

縫份0.7cm

口袋

②
於表布背面
熨燙雙面接
著襯。

③
夾車提把，
車縫袋口處。

①裡布背面熨燙厚質含膠襯棉。

0.5

⑤袋口車縫壓線，
以相同作法再製作一片口袋。

表布（正面）

裡布

④
翻至正面，撕開雙面
接著襯的離型紙，放
上裡布以熨斗熨燙，
使其黏合。

圖3

裡布　襯棉

準備寬2.5cm的
水玉印花布的滾邊布

0.7

（背面）

2.5

③將滾邊布與袋口
正面相對並車縫。

②裡布・襯棉・表布
三層疊合疏縫後壓線。

疏縫

①於底布上製作貼布繡與刺繡，
　再製作底布的左右側與圖案區塊，
　將上、下側與布片縫合後製作表布。

④
修剪袋口處多餘縫份，
並將滾邊布翻至裡布，
包覆縫份後以藏針縫固定。

裡布

疏縫

⑤後袋身三層疊合後壓線，
袋口處以寬2.5cm的斜布條
進行滾邊。

圖4

①將拉鍊放置於表面不露出拉鍊齒的位置，
以全回針縫固定。

拉鍊邊布以
立針縫固定

前裡袋身

②將拉鍊的另一
側固定於口袋
裡布上。

口袋

前袋身

後袋身以同樣方式
固定口袋與拉鍊

圖5

裡布（背面）

表布
（正面）

②三層疊合，
並車縫兩端。

①於裡布背面熨燙
厚質含膠襯棉。

襯棉

襯棉

④翻至正面，
疏縫後車縫壓線。

③將兩端與裡布縫份修剪為
0.7cm，並修剪縫份處之襯棉。

⑥拆除四周之外的疏縫線。

表布（正面）

⑤兩端車縫壓線。

圖6

口袋

後袋身

②
組裝拉鍊頭
裝飾珠與配件

前袋身

側身

①
將側身與袋身
背面相對重合，
以寬3.8cm的斜布條
包覆進行滾邊。

圖7

拉鍊頭

配件

裝飾珠

①穿入15cm的蠟繩後
打結，將兩股線重合，
穿過配件與裝飾珠的
中心。

②合併兩條繩子打結，
繩頭修剪為1cm。
將繩結塞入珠孔
並以黏著劑固定。

完成尺寸
高20cm・桶底寬9.8cm

材料
野木棉
　印花布…22×85cm（表側身）
　印花布…56×56cm（裡桶身）
　茶色系織紋布…12×12cm（表桶底）
　素色布…56×56cm（底布）
　零碼布數種…各適量（貼布繡）
襯棉…56×56cm
含膠襯棉…50×50cm
25號繡線　黃綠色…適量
塑膠板…40×88cm
圓球裝飾帶　茶色…95cm

作法
1 依尺寸圖與紙型裁剪各部分。於四片表側身上進行貼布繡與刺繡，將桶底布與四片表側身依記號點縫至記號點，並將縫份倒向側身，完成表布製作（圖1）。
2 將底布、襯棉及步驟1完成之表布三層疏縫，並壓線。拆除四周之外的疏縫線，即完成桶身正面（圖1）。
3 描繪底布完成線，並依此尺寸外加3cm的縫份，裁剪裡布，再於裡布背面熨燙含膠襯棉。
4 將桶身正面與裡布正面相對重合，縫合側邊，再修剪側邊縫份為0.7cm（圖2）。
5 將步驟4的桶身翻至正面，桶口處以全回針縫固定圓球裝飾帶，再縫合桶底三邊（圖3）。
6 由桶底未縫合處塞入兩片塑膠板作為內芯，再以藏針縫縫合。四片側身也須各自塞入兩片內芯，最後於桶口進行滾邊（圖4）。
7 豎起側身，對齊側邊後進行縫合（圖5）。

尺寸圖

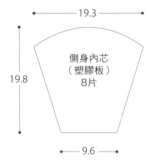

側身內芯
（塑膠板）
8片

19.3
19.8
9.6

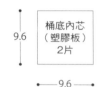

桶底內芯
（塑膠板）
2片

9.6
9.6

＊裁剪側身・桶底的塑膠板，於裡布熨燙含膠款襯棉，
莖部的貼布布片寬度為1.2至1.5cm的滾邊布，
裡布・桶身的襯棉與底布外加縫份3cm，
貼布繡外加縫份0.3至0.5cm，
其餘處皆外加縫份0.7cm再裁剪。

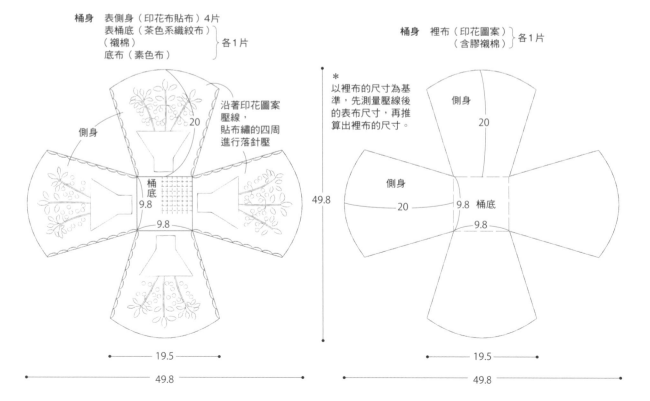

桶身　表側身（印花布貼布）4片
　　　表桶底（茶色系織紋布）
　　　（襯棉）　　　　　　　　各1片
　　　底布（素色布）

沿著印花圖案壓線，
貼布繡的四周
進行落針壓

側身　20
桶底　9.8
9.8
19.5
49.8

桶身　裡布（印花圖案）
　　　（含膠襯棉）　　各1片

＊
以裡布的尺寸為基準，先測量壓線後的表布尺寸，再推算出裡布的尺寸。

側身　20
側身　20
9.8　桶底
9.8
49.8
19.5
49.8

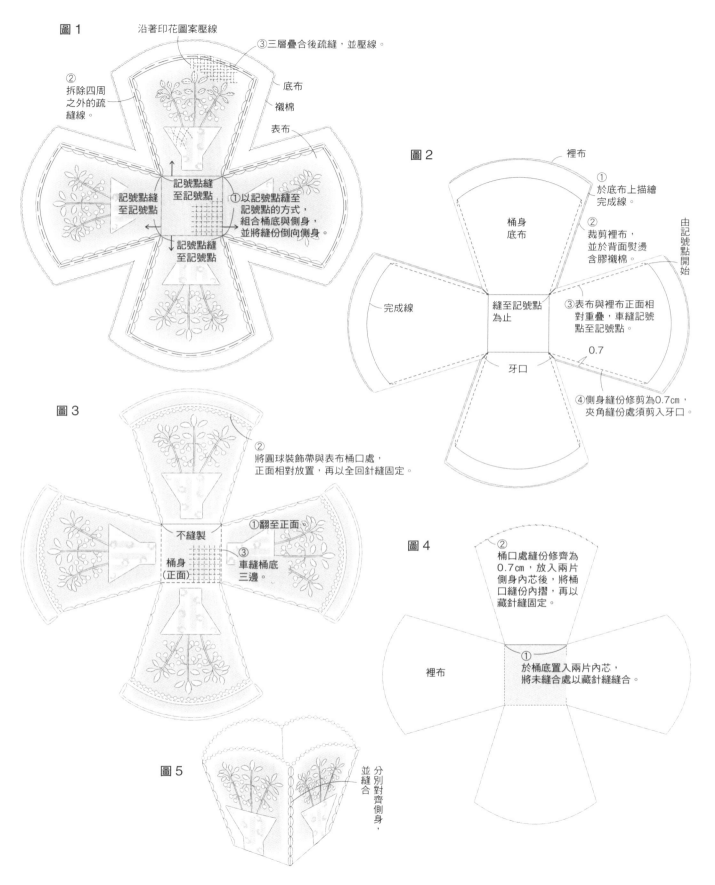

圖 1

沿著印花圖案壓線

③三層疊合後疏縫，並壓線。

底布

襯棉

表布

②
拆除四周
之外的疏
縫線。

記號點縫
至記號點

記號點縫
至記號點

①以記號點縫至
記號點的方式，
組合桶底與側身，
並將縫份倒向側身。

記號點縫
至記號點

圖 2

裡布

①
於底布上描繪
完成線。

桶身
底布

②
裁剪裡布，
並於背面熨燙
含膠襯棉。

由
記
號
點
開
始

完成線

縫至記號點
為止

③表布與裡布正面相
對重疊，車縫記號
點至記號點。

0.7

牙口

④側身縫份修剪為0.7cm，
夾角縫份處須剪入牙口。

圖 3

②
將圓球裝飾帶與表布桶口處，
正面相對放置，再以全回針縫固定。

不縫製

①翻至正面。

桶身
（正面）

③
車縫桶底
三邊。

圖 4

②
桶口處縫份修齊為
0.7cm，放入兩片
側身內芯後，將桶
口縫份內摺，再以
藏針縫固定。

裡布

①
於桶底置入兩片內芯，
將未縫合處以藏針縫縫合。

圖 5

分
別
對
齊
側
身
，
並
縫
合

作品 P.*34* ☙ 針線收納工具袋 ● 原寸紙型／B面

❧ 完成尺寸
長22㎝・寬13㎝
高4.8㎝

❧ 材料

野木棉
　灰色系織紋布…30×35㎝
　（表袋身・拉鍊裝飾布）
　印花布Ⅰ…50×55㎝
　（裡袋身・裡側身・口袋A・口袋用滾邊布）
　印花布Ⅱ…40×40㎝（表側身・提把裡布）
　格紋織紋布…25×25㎝（提把表布）
　零碼布數種…各適量（貼布繡）
　格紋織紋布…寬3.5㎝　120㎝（滾邊布）
網狀布　米色…10×24㎝（口袋B）
襯棉…50×50㎝
雙面厚絨布襯…1.5×5㎝（拉鍊裝飾布內芯）
中厚質含膠襯棉…2.5×22㎝（提把）
厚質含膠襯棉…5×44㎝（側身）
25號繡線　淺灰色・灰色・綠色…各適量
拉鍊…43㎝・20㎝　各1條
鈕釦…直徑1.8㎝　1顆

❧ 作法

1 於表袋身上製作貼布繡與刺繡。
2 將裡布、襯棉與步驟1完成之表布三層疏縫，並壓線。拆除四周之外的疏縫線，再於裡布內側描繪完成線。
3 縫製提把，並車縫固定於側身（圖1）。
4 製作口袋，並將口袋固定於裡袋身（圖2）。
5 裡側身背面熨燙厚質含膠襯棉，將表布開口與拉鍊正面相對疏縫。裡布與其正面相對重合，於表布背面重疊襯棉後縫合開口。
6 對齊步驟5開口處的襯棉、裡布與表布，並修剪多餘縫份，翻至正面後，車縫壓線。
7 袋身四周與步驟6的側身背面相對疏縫，袋蓋則疏縫於步驟5中的拉鍊另一側。
8 袋身與寬3.5㎝的滾邊布正面相對放置，車縫一圈。對齊襯棉、裡布與滾邊布邊端，修剪多餘縫份，以滾邊布包覆縫份後以藏針縫固定（圖3）。
9 於拉鍊頭組裝飾品（圖4）。

尺寸圖

＊裁剪口袋B下端・側身的厚質含膠襯棉、提把的中厚質含膠襯棉・拉鍊裝飾布、拉鍊裝飾布的內芯，莖部的貼布布片寬度為1.2至1.5㎝的滾邊布，裡袋身＆襯棉外加縫份3㎝，貼布繡外加縫份0.3至0.5㎝，其餘處皆外加縫份0.7㎝再裁剪。

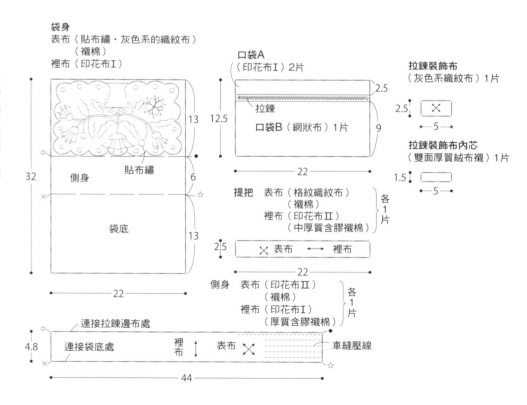

袋身
表布（貼布繡・灰色系的織紋布）
（襯棉）
裡布（印花布Ⅰ）

側身
貼布繡
袋底

32
13
12.5
6
13
22

口袋A
（印花布Ⅰ）2片
拉鍊
口袋B（網狀布）1片
2.5
9
22

提把　表布（格紋織紋布）
（襯棉）
裡布（印花布Ⅱ）
（中厚質含膠襯棉）
各1片
× 表布 ←→ 裡布
2.5
22

側身　表布（印花布Ⅱ）
（襯棉）
裡布（印花布Ⅰ）
（厚質含膠襯棉）
各1片

連接拉鍊邊布處
連接袋底處　裡布 ↕ 表布 ×
車縫壓線
4.8
44

拉鍊裝飾布
（灰色系織紋布）1片
2.5 × 5

拉鍊裝飾布內芯
（雙面厚質絨布襯）1片
1.5 5

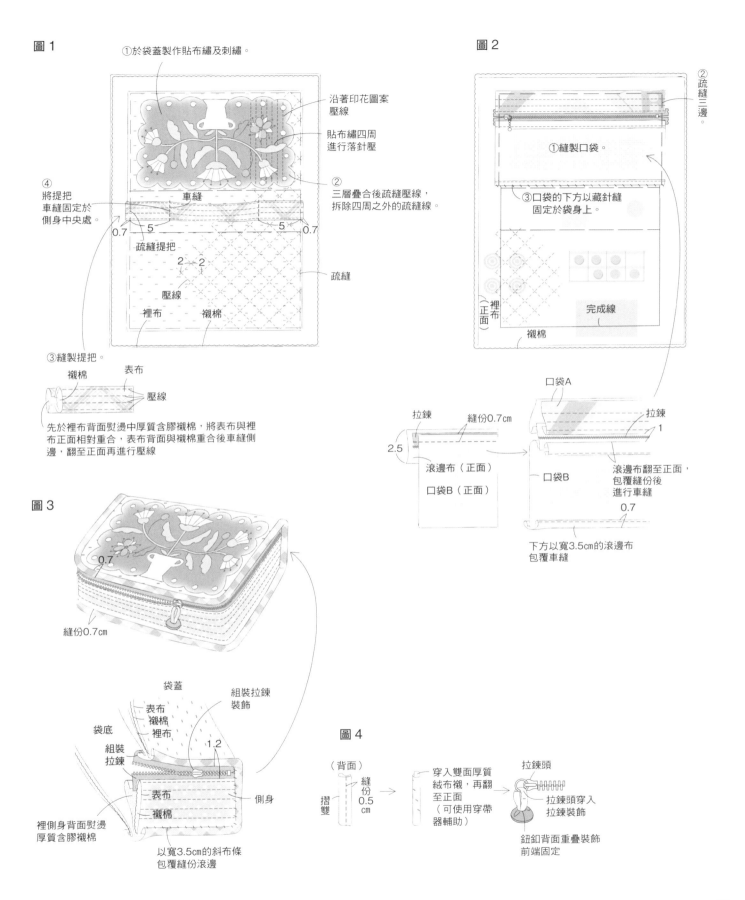

圖1

①於袋蓋製作貼布繡及刺繡。

沿著印花圖案壓線

貼布繡四周進行落針壓

② 三層疊合後疏縫壓線，拆除四周之外的疏縫線。

④ 將提把車縫固定於側身中央處。

車縫

5　0.7　　　5　0.7

疏縫提把

2　2

壓線

裡布　襯棉

疏縫

③縫製提把。

襯棉　表布

壓線

先於裡布背面熨燙中厚質含膠襯棉，將表布與裡布正面相對重合，表布背面與襯棉重合後車縫側邊，翻至正面再進行壓線

圖2

②疏縫三邊。

①縫製口袋。

③口袋的下方以藏針縫固定於袋身上。

（裡布正面）

襯棉

完成線

口袋A

拉鍊　縫份0.7cm

拉鍊

2.5

滾邊布（正面）

口袋B（正面）

口袋B

1

滾邊布翻至正面，包覆縫份後進行車縫

0.7

下方以寬3.5cm的滾邊布包覆車縫

圖3

0.7

縫份0.7cm

袋蓋

表布
襯棉
裡布

袋底

組裝拉鍊

組裝拉鍊裝飾

1.2

表布

襯棉

側身

裡側身背面熨燙厚質含膠襯棉

以寬3.5cm的斜布條包覆縫份滾邊

圖4

（背面）

摺雙

縫份0.5cm

穿入雙面厚質絨布襯，再翻至正面（可使用穿帶器輔助）

拉鍊頭

拉鍊頭穿入拉鍊裝飾

鈕釦背面重疊裝飾前端固定

花鳥蝶舞壁飾　● 紙型／D面（請放大200%使用）

完成尺寸
長99.4㎝・寬86.4㎝

材料

野木棉
　零碼布數種…各適量（拼接布片・貼布繡）
　織紋布…各15×90㎝（邊條A）
　織紋布…各15×110㎝（邊條B）
　印花布…95×110㎝（裡布）
　格紋織紋布…寬3.5㎝的斜布條　375㎝（滾邊布）
襯棉…95×110㎝
25號繡線　米色・淺茶色・茶色・焦茶色・綠色・深綠色・
　　　　　灰青色・灰色・深灰色・炭灰色・粉色・
　　　　　芥末色・米色…各適量

作法

1　於拼接布片製作中央的圖案區塊，並製作貼布繡與刺繡。

2　將步驟1的四周與邊條A・B縫合，完成表布。

3　裡布、襯棉與步驟2完成之表布三層疊合疏縫，再車縫自由壓線。

4　四周以寬3.5㎝的滾邊布包覆，完成滾邊。

尺寸圖

※莖部的貼布布片寬度為1.2至1.5㎝的滾邊布，貼布繡外加縫份0.3至0.5㎝，布片・邊條外加縫份0.7㎝，裡布・襯棉外加縫份5㎝再裁剪。

壁飾本體　表布（拼接布片・貼布繡）
　　　　　（襯棉）　　各1片
　　　　　裡布（印花布）

滾邊（格紋織紋布）

0.7

邊條A

壓縫自由曲線

貼布繡的四周進行落針壓

邊條B

78

98

10

65

10

0.7

0.7

85

0.7

◆完成尺寸
長30㎝・寬34㎝

◆材料
野木棉
　米色系印花布…25×55cm
　（貼布繡的底布・布片g・f・k・n）
　深茶色系織紋布…40×50cm
　（提把表布・提把裡布・滾邊布）
　米色系織紋布…37×110cm
　（裡袋身・提把擋布）
　茶色系織紋布…32×36cm（後表袋身）
　零碼布數種…各適量（拼接布片・貼布繡）
襯棉…40×90cm
含膠襯棉…25×10cm

◆作法
1 以貼布繡與拼接技法製作前表袋身（圖1）。
2 裡布、襯棉及表布三層疏縫後壓線（圖2）。
3 以一片布料裁剪後表袋身，再將裡布、襯棉及表布三層壓線。
4 於前裡袋身描繪完成線，與後袋身正面相對重合，車縫側邊與袋底（圖3）。
5 預留一片為裡袋身，將其餘側邊與袋底的縫份修剪至0.7cm，再以預留的裡布包覆袋底與側邊的縫份滾邊（圖3）。
6 以深茶色的織紋布裁剪3.5×75cm（寬×長）的滾邊布，進行袋口滾邊（圖5）。
7 縫製提把（圖4）。
8 袋身的袋口內側放置步驟7的提把，並縫合固定。提把下端以提把底布進行貼布縫作為裝飾（圖5）。
9 車縫底角的縫份，翻至正面後整理袋型。

尺寸圖

前袋身
表布（拼接布片・貼布繡）
　（襯棉）　｝各1片
裡布（米色系織紋布）

後袋身
表布（茶色系織紋布）
　（襯棉）　｝各1片
裡布（米色系織紋布）

提把組裝位置　10　8.5　0.7
滾邊（深茶色織紋布）
（米色系印花布）
k l m
j
B C E g h
E F e
f
22 f
A D a
b c
H
n
25 o p
34

提把組裝位置　10　8.5
滾邊（深茶色織紋布）
29.5
1.2×1.2cm方格壓線
34

提把
表布・裡布（深茶色系織紋布）
（含膠襯棉）　｝各2片
（襯棉）
滾邊布表布　｝1片
裡布布紋方向
25
3.5

提把的擋布
（米色系織紋布）
4片
2
5

＊裁剪提把的含膠襯棉，莖部的貼布布片寬度為1.2至1.5cm的滾邊布，後表袋身・提把的表布・裡布・襯棉・提把的底布外加縫份0.7cm，袋身襯棉・裡布外加縫份3cm，貼布繡外加縫份0.3至0.5cm，拼縫布片則外加縫份0.7cm再裁剪。

圖1

於❶上製作貼布繡，再依❷至❹的順序縫合貼布繡底布的周圍（三邊）

圖2

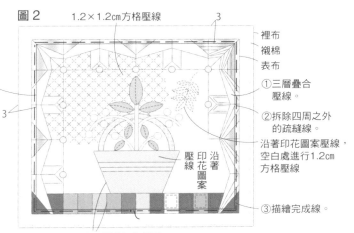

1.2×1.2cm方格壓線　3
裡布
襯棉
表布
①三層疊合壓線。
②拆除四周之外的疏縫線。
沿著印花圖案壓線，空白處進行1.2cm方格壓線
③描繪完成線。
完成線
3
貼布繡與布片四周進行落針壓

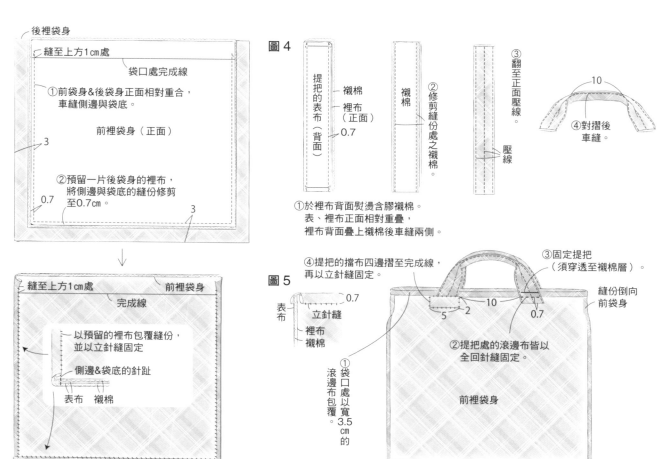

圖3

後裡袋身

縫至上方1cm處

袋口處完成線

①前袋身&後袋身正面相對重合，
車縫側邊與袋底。

前裡袋身（正面）

3

②預留一片後袋身的裡布，
將側邊與袋底的縫份修剪
至0.7cm。

0.7

3

縫至上方1cm處　　　　　前裡袋身

完成線

以預留的裡布包覆縫份，
並以立針縫固定

側邊&袋底的針趾

表布　襯棉

圖4

提把的表布（背面）　襯棉　裡布（正面）　0.7

襯棉

②修剪縫份處之襯棉。

③翻至正面壓線。

壓線

10

④對摺後車縫。

①於裡布背面熨燙含膠襯棉。
　表、裡布正面相對重疊，
　裡布背面疊上襯棉後車縫兩側。

④提把的擋布四邊摺至完成線，
　再以立針縫固定。

圖5

③固定提把
（須穿透至襯棉層）。

縫份倒向
前袋身

表布　0.7
立針縫
裡布
襯棉

10
5　2　0.7

①袋口處以寬3.5cm的滾邊布包覆。

②提把處的滾邊布皆以全回針縫固定。

前裡袋身

作品 P.41　束口袋　● 原寸紙型／C面

完成尺寸
長26cm・袋口寬24.5cm

材料
野木棉
　淺灰色系印花布…26×80cm（貼布繡底布）
　綠色系印花布…48×80cm（裡布）
　灰藍色系織紋布…28×32cm（提把）
　零碼布數種…各適量（拼接布片・穿繩布）
　格紋織紋布　寬3.5cm斜布條　55cm（滾邊布）
襯棉…48×80cm
含膠襯棉…4×26cm（提把）
25號繡線　白色…適量
棉繩（茶色・灰色）　寬0.5cm　82cm　各1條
配件…2個

尺寸圖

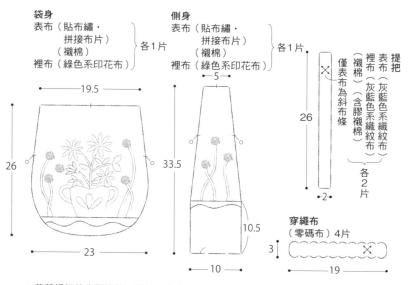

袋身
表布（貼布繡・拼接布片）（襯棉）各1片
裡布（綠色系印花布）

側身
表布（貼布繡・拼接布片）（襯棉）各1片
裡布（綠色系印花布）

提把
表布（灰藍色系織紋布）
裡布（灰藍色系織紋布）
襯棉（含膠襯棉）各2片
僅表布為斜布條

19.5
26
23

5
33.5
10.5
10
26
×
2

穿繩布（零碼布）4片
3
19
×

＊裁剪提把的含膠襯棉，莖部的貼布布片寬度為1.2至1.5cm的滾邊布，
　裡袋身・裡側身・襯棉外加縫份3cm，貼布繡外加縫份0.3至0.5cm，
　其餘處皆外加縫份0.7cm再裁剪。

◆ 作法
1 於表側身製作貼布繡與刺繡，並進行拼接。
　疊合襯棉、裡布三層疏縫，並壓線（圖1）。
2 表袋身也須製作貼布繡與刺繡，三層疊合後壓線。
　共完成兩片（圖4）。
3 參考圖2、圖3，各縫製兩片提把及穿繩布。
4 於表袋身袋口處疏縫提把，並放置穿繩布，車縫上、下側，
　再依相同方式製作一片（圖4）。

5 袋身與側身正面相對車縫完成線。預留側身裡布，其餘縫份修
　剪至0.7㎝。再以預留的裡布包覆縫份滾邊（圖5）。
6 將袋身翻至正面，袋口與寬3.5㎝的滾邊布正面相對放置，並
　車縫一圈。
7 袋身與側身的袋口分別與滾邊布對齊，修剪多餘布料，以滾邊
　布包覆縫份處，再以立針縫固定（圖6）。
8 由穿繩布的左、右側穿入綁繩，重疊兩條後，再穿過配件孔，
　繩頭打結固定即完成（圖6）。

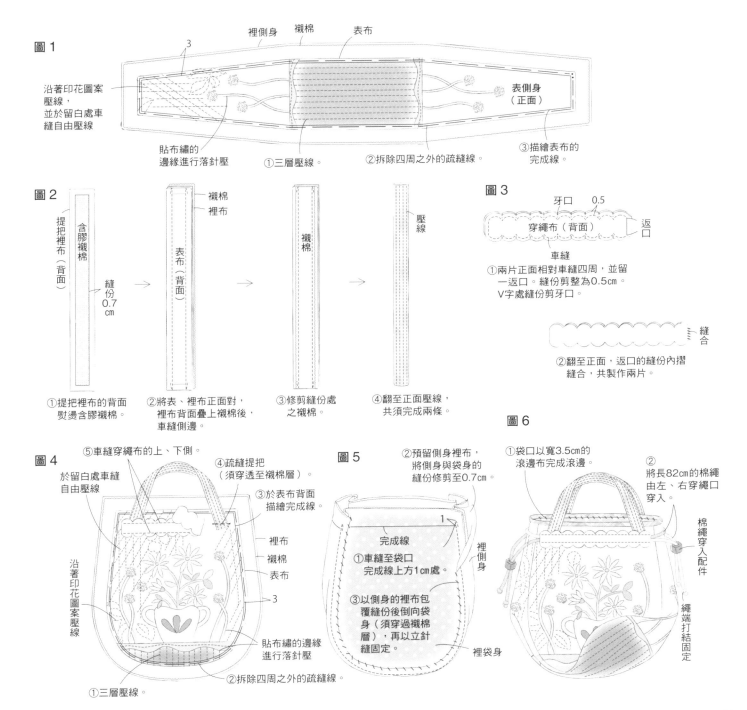

圖1
裡側身　襯棉　表布
表側身（正面）
沿著印花圖案壓線，並於留白處車縫自由壓線
貼布繡的邊緣進行落針壓
①三層壓線。
②拆除四周之外的疏縫線。
③描繪表布的完成線。

圖2
提把裡布（背面）
含膠襯棉
縫份0.7㎝
①提把裡布的背面熨燙含膠襯棉。

襯棉
裡布
表布（背面）
②將表、裡布正面對，裡布背面疊上襯棉後，車縫側邊。

襯棉
③修剪縫份處之襯棉。

壓線
④翻至正面壓線，共須完成兩條。

圖3
牙口　0.5
穿繩布（背面）
返口
車縫
①兩片正面相對車縫四周，並留一返口。縫份剪整為0.5㎝。
V字處縫份剪牙口。

縫合
②翻至正面，返口的縫份內摺縫合，共製作兩片。

圖4
⑤車縫穿繩布的上、下側。
於留白處車縫自由壓線
④疏縫提把（須穿透至襯棉層）。
③於表布背面描繪完成線。
裡布
襯棉
表布
3
沿著印花圖案壓線
貼布繡的邊緣進行落針壓
①三層壓線。
②拆除四周之外的疏縫線。

圖5
②預留側身裡布，將側身與袋身的縫份修剪至0.7㎝。
完成線
①車縫至袋口完成線上方1㎝處。
③以側身的裡布包覆縫份後倒向袋身（須穿過襯棉層），再以立針縫固定。
裡側身
裡袋身
1

圖6
①袋口以寬3.5㎝的滾邊布完成滾邊。
②
將長82㎝的棉繩由左、右穿繩口穿入
棉繩穿入配件
繩端打結固定

91

完成尺寸
長31㎝・寬42.5㎝

材料
野木棉
　米色系印花布…28×35㎝（布片m）
　灰色系織紋布…50×110㎝
　（布片f・g・i・j・ℓ・抱枕後片）
　淺灰色底印花布…23×35㎝
　（布片e・h・k・n）
　零碼布數種…各適量（貼布繡）
床單布　米色…72×90㎝（底布・枕芯）
襯棉…37×50㎝
25號繡線　卡其色・淺綠色・深綠色・
灰色…各適量
化纖棉…適量

作法
1 製作表布拼接、貼布繡與刺繡。
2 底布、襯棉及表布三層疊合疏縫並壓線（圖1）。
　拆除四周之外的疏縫線。完成抱枕前片。
3 裁剪兩片後片布，各自背面相對摺。外褶痕處重疊
　7㎝疏縫，即完成後片。
4 步驟2的前片與步驟3的後片布正面相對疊合，車
　縫四周。預留一片底布，並將縫份剪齊為0.7㎝。
5 以預留的底布包覆縫份藏針縫（圖2），再翻至正
　面。
6 製作抱枕芯，將兩片枕芯布正面相對重合，車縫四
　周並留一返口，再翻至正面。塞入適量的化纖棉，
　並以藏針縫返口，塞入步驟5的抱枕套中即完成。

尺寸圖

抱枕前片
表布（貼布繡・拼接布片）
（襯棉）　　　　　　　　各1片
底布（床單布）

＊莖的貼布布片為寬度1.2
　至1.5㎝的滾邊布，抱枕
　後片、枕芯布外加縫份1
　㎝，底布外加縫份3㎝，
　貼布繡外加縫份0.3至
　0.5㎝，布片則外加縫份
　0.7㎝再裁剪。

27.5　　7.5　3
n　d e f m
A
　B
h i
g　D　G
C　E
ℓ　　H　L
A　F　I
j　　　J
k　　　K
n　　　　3
42.5
25
31

抱枕後片
（灰色系織紋布）2片
31
摺雙
49

枕芯布
（床單布）2片
31
返口　　摺雙
6
42.5

圖1

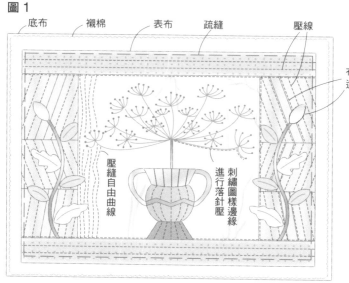

底布　襯棉　表布　疏縫　壓線

布片・貼布繡四周
進行落針壓

壓縫自由曲線
刺繡圖樣進行落針壓

圖2

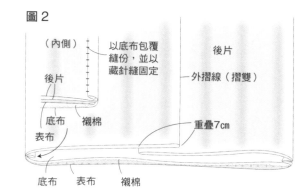

（內側）
以底布包覆
縫份，並以
藏針縫固定
後片

後片
外摺線（摺雙）

底布　襯棉
表布
重疊7㎝

底布　表布　襯棉

完成尺寸
長15.5cm・展開後寬30cm

材料
野木棉
　米色系織紋布…20×55cm
　　（貼布繡・底布・布片a・c・d）
　米色系印花布…18×40cm（裡布）
　零碼布數種…各適量（布片・貼布繡）
　灰色系織紋布…寬3.5cm的斜布條　17cm
　　（滾邊布）
25號繡線　白色・芥末色…各適量
織帶　米色…寬1.5cm　18cm（止滑帶）
棉繩　米色…20cm（書籤）
配件…1個

作法
1 依尺寸圖裁剪各部分的布料。
2 於底布上製作貼布繡（圖案區塊A）。提籃的貼布繡的開口為口袋，故其上方不縫，僅以藏針縫固定側邊（圖1）。
3 拼接圖案區塊B・C。因為布片較小，縫合處縫份修剪為0.5cm，但是外圍處縫份仍保留為0.7cm（圖1）。
4 圖案區塊A的上、下方與圖案區塊B・C縫合，並將縫份倒向圖案區塊B・C，完成表布。
5 將止滑帶與棉繩疏縫於表布正面完成線的外側。表布及裡布正面相對車縫四周，並預留一返口（圖2）。
6 由返口翻至正面，返口以滾邊布包覆後進行滾邊。參考圖3將反摺處滾邊，並於繩頭穿入配件裝飾。

原寸紙型

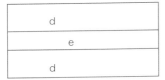

＊莖部的貼布布片寬度為1cm的滾邊布，貼布繡外加縫份0.3至0.5cm，貼布繡底布、接縫布片，與裡布外加縫份0.7cm再裁剪。

尺寸圖

表布（貼布繡・拼接布片）
裡布（米色系印花布）　各1片

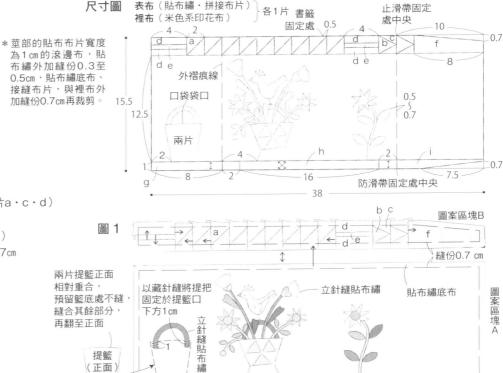

圖1

圖2

①將止滑帶疏縫於表布正面上、下側。
②將書籤棉繩（20cm）疏縫固定於表布正面上方。
③將表布與裡布正面相對疊合，車縫四周並預留一返口。（手縫時，須以全回針縫固定）

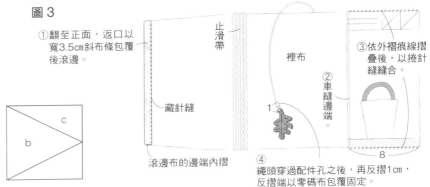

圖3

①翻至正面，返口以寬3.5cm斜布條包覆後滾邊。
②車縫邊端。
③依外褶痕線摺疊後，以捲針縫縫合。
④繩頭穿過配件孔之後，再反摺1cm，反摺端以零碼布包覆固定。

❀ 材料

野木棉

　綠色系織紋布…25×35cm（布片a）

　茶色系印花布…6×35cm（布片b）

　茶色系織紋布…33×40cm（裡布・側身滾邊布）

　米色系織紋布…寬5cm斜布條　23cm（提把表布）

　　　　　　　　寬3.5cm斜布條　37cm

　　　　　　　　（袋口滾邊布）

　藍灰色系織紋布…5×23cm（提把裡布）

　　　　　　　　寬3.5cm滾邊布　37cm

　　　　　　　　（袋口滾邊布）

　　　　　　　　寬3cm滾邊布　47cm

　　　　　　　　（提把滾邊布）

　零碼布數種…各適量（貼布繡）

　襯棉…33×45cm，含膠襯棉…3×21cm

　25號繡線　綠色・淺綠色・米色…各適量

　拉鍊…長23cm　1條

　裝飾珠配件…長1.8cm　2顆

　蠟繩　綠色…15cm

　鈕釦…直徑2.5cm　1顆

❀ 完成尺寸

長21.5cm・

袋底寬11.5cm・

側身5cm

❀ 作法

1 依尺寸圖裁剪各布片。於布片a製作貼布繡與刺繡，再與布片B縫合，縫份倒向布片b，完成表布製作。

2 裡布・襯棉・表布三層疊合後疏縫並壓線，袋口以寬3.5cm的斜布條包覆後滾邊（圖1）。

3 將步驟2的袋身正面相對對摺，再進行拉鍊組裝。由袋底至止縫處以滾邊布包覆後，以捲針縫技法縫合（圖2之①）。

4 縫合袋底，先預留一片裡布，其餘縫份修剪至0.7cm。以預留的裡布包覆縫份滾邊（圖2之②）。再依圖3縫合側身，以寬2.5cm的斜布條包覆縫份滾邊。

5 依圖4縫製提把。

6 將拉鍊置於中央，疊於袋身上方並縫合固定。夾車提把縫合固定（圖5）。

尺寸圖

袋身

表布（拼接布片・貼布繡）

（襯棉）

裡布（茶色織紋布）　各1片

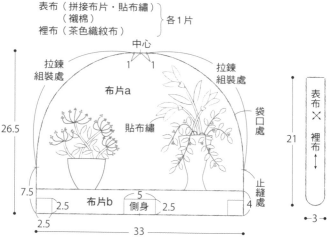

中心

拉鍊組裝處　1　1　拉鍊組裝處

布片a

貼布繡

26.5

袋口處

止縫處

7.5

2.5　布片b　5　側身　2.5　4

2.5

33

提把

表布（米色系織紋布）

裡布（藍灰色系織紋布）　各1片

（含膠襯棉）（襯棉）

21

←3→

＊裁剪提把的含膠襯棉，莖部的貼布布片寬度為1.2至1.5cm的滾邊布，
袋身襯棉・裡布外加縫份3cm，貼布繡外加縫份0.3至0.5cm，
布片a・布片b・提把的表布・裡布・襯棉外加縫份0.7cm再裁剪。
包覆側身的滾邊布與裡布為相同布料，裁剪2.5×7cm兩片。

圖 1

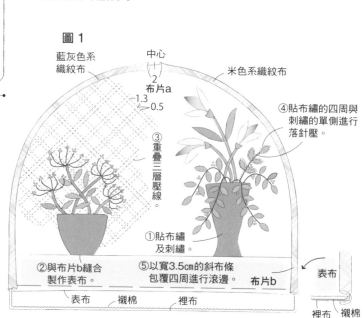

藍灰色系織紋布

中心

米色系織紋布

布片a

-1.3

0.5

③重疊三層壓線。

④貼布繡的四周與刺繡的單側進行落針壓。

①貼布繡及刺繡。

②與布片b縫合製作表布。

⑤以寬3.5cm的斜布條包覆四周進行滾邊。

布片b

表布　襯棉　裡布

表布

裡布　襯棉

圖2

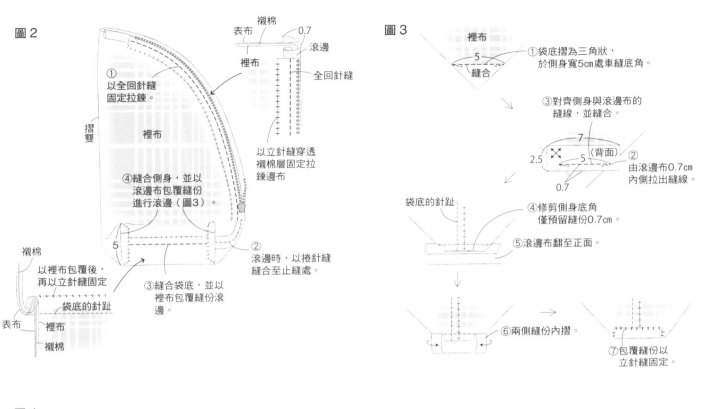

襯棉
表布
裡布
0.7
滾邊

① 以全回針縫固定拉鍊。

摺雙

裡布

④ 縫合側身，並以滾邊布包覆縫份進行滾邊（圖3）。

全回針縫

以立針縫穿透襯棉層固定拉鍊邊布

② 滾邊時，以捲針縫縫合至止縫處。

襯棉

以裡布包覆後，再以立針縫固定

袋底的針趾

表布
裡布
襯棉

5

③ 縫合袋底，並以裡布包覆縫份滾邊。

圖3

裡布
5
縫合

① 袋底摺為三角狀，於側身寬5cm處車縫底角。

③ 對齊側身與滾邊布的縫線，並縫合。

7
2.5   5 （背面）   ②
0.7

② 由滾邊布0.7cm內側拉出縫線。

袋底的針趾

④ 修剪側身底角僅預留縫份0.7cm。

⑤ 滾邊布翻至正面。

⑥ 兩側縫份內摺。

⑦ 包覆縫份以立針縫固定。

圖4

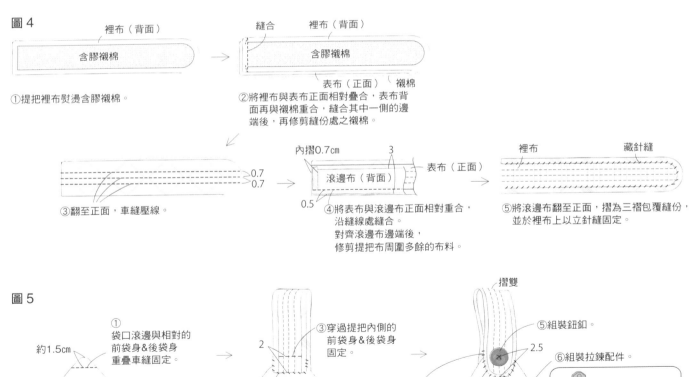

裡布（背面）
含膠襯棉

① 提把裡布熨燙含膠襯棉。

縫合   裡布（背面）
含膠襯棉
表布（正面）   襯棉

② 將裡布與表布正面相對疊合，表布背面再與襯棉重合，縫合其中一側的邊端後，再修剪縫份處之襯棉。

0.7
0.7

③ 翻至正面，車縫壓線。

內摺0.7cm   3
滾邊布（背面）   表布（正面）
0.5

④ 將表布與滾邊布正面相對重合，沿縫線處縫合。對齊滾邊布邊端後，修剪提把布周圍多餘的布料。

裡布   藏針縫

⑤ 將滾邊布翻至正面，摺為三褶包覆縫份，並於裡布上以立針縫固定。

圖5

約1.5cm

① 袋口滾邊與相對的前袋身&後袋身重疊車縫固定。

2

② 為了隱藏步驟①的針趾，所以將提把夾住邊角，以藏針縫穿透襯棉固定。

③ 穿過提把內側的前袋身&後袋身固定。

④ 重疊提把，將針趾穿透兩片滾邊布加以固定。

藏針縫

摺雙

⑤ 組裝鈕釦。

2.5

⑥ 組裝拉鍊配件。

蠟繩
穿入配件
將蠟繩打結之後，再以黏著劑固定

材料

野木棉

織紋布a…32×33cm（前袋身布片A）

織紋布b…32×33cm（後袋身布片A）

織紋布c…20×33cm（布片B・表袋底）

織紋布d…40×110cm

（裡布・袋底滾邊布）

零碼布數種…各適量（貼布繡）

織紋布e…寬3.5cm斜布條　55cm

（袋口滾邊布）

襯棉…38×100cm

含膠襯棉…32×31cm（後袋身）

厚質含膠襯棉…10×26cm（袋底）

25號繡線　茶色・淺綠色・白色…各適量

織帶　米色…寬2.5cm　約170cm

（提把・肩背帶）

完成尺寸

長32 cm・袋口寬24cm

袋底10×25.5cm

作法

1 於前袋身布片A上，製作貼布繡與刺繡。下側與布片B點對點縫合，縫份倒向布片B，完成表布。裡布、襯棉與表布三層疏縫並壓線（圖1）

2 製作後表袋身，縫合後袋身布片A與布片B，縫份倒向布片B。後裡袋身背面以熨斗熨燙含膠襯棉，再依序疊合襯棉、後表袋身，疏縫後再車縫壓線（圖2）。

3 將步驟1的前袋身與步驟2的後袋身正面相對重疊，縫合側邊。預留後袋身其中一片裡布，其餘縫份修剪至0.7cm。以預留的裡布包覆縫份並倒向前袋身，再以藏針縫技法固定（須穿透至襯棉層，圖3）。

4 依圖4縫製袋底。

5 將步驟3的袋身底邊與步驟4的袋底正面相對放置，並沿完成線縫合（圖5）。

6 以織紋布d裁剪寬2.5cm的滾邊布65cm，與袋身底邊正面相對放置，沿完成線縫合（圖6）。對齊滾邊布的邊端，修剪多餘縫份。滾邊布包覆縫份後倒向袋底以藏針縫固定（圖7）。

7 將織帶長度裁剪為23cm（可依個人喜好調整長度）兩條。依圖8縫製提把，再以滾邊布製作袋口滾邊，並固定提把（圖9）。

8 於袋身的側邊縫合固定肩背帶（可依個人喜好調整長度，圖10）。

尺寸圖

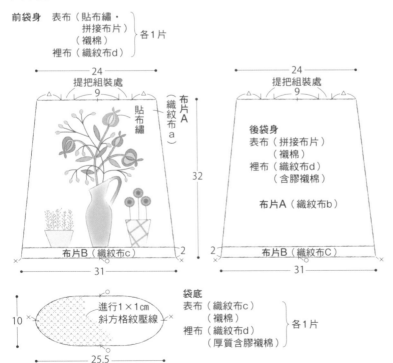

前袋身　表布（貼布繡・拼接布片）（襯棉）裡布（織紋布d）　各1片

提把組裝處　9　24

貼布繡　布片A（織紋布a）

32

布片B（織紋布c）　2　31

後袋身

表布（拼接布片）（襯棉）裡布（織紋布d）（含膠襯棉）

布片A（織紋布b）

提把組裝處　9　24

2　布片B（織紋布C）　31

袋底

表布（織紋布c）（襯棉）裡布（織紋布d）（厚質含膠襯棉）　各1片

進行1×1cm斜方格紋壓線

10　25.5

＊裁剪含膠襯棉&厚質含膠襯棉，莖部的貼布布片寬度為1.2至1.5cm的滾邊布，貼布繡外加縫份0.3至0.5cm，表布外加縫份0.7cm，襯棉&裡布外加縫份3cm再裁剪。

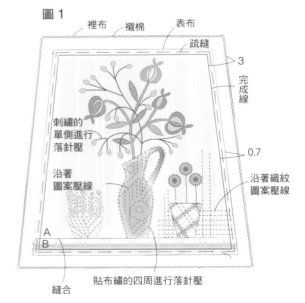

圖 1

裡布　襯棉　表布

疏縫

3

完成線

刺繡的單側進行落針壓

沿著圖案壓線

0.7

沿著織紋圖案壓線

A
B

縫合　貼布繡的四周進行落針壓

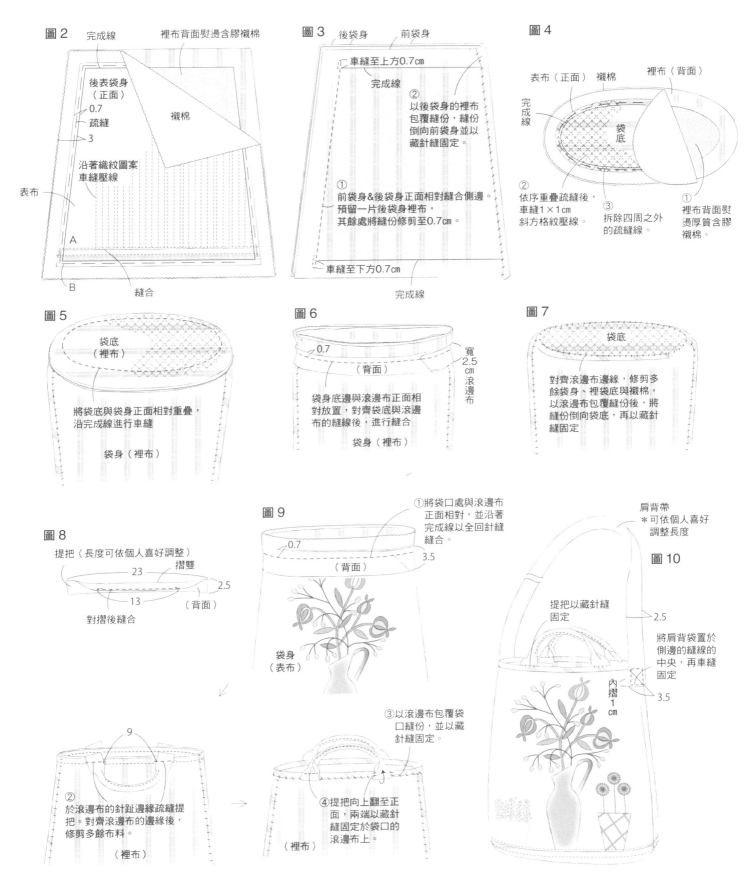

圖2
完成線
裡布背面熨燙含膠襯棉
後表袋身（正面）
0.7
疏縫
3
沿著織紋圖案車縫壓線
襯棉
表布
A
B
縫合

圖3
後袋身　前袋身
車縫至上方0.7cm
完成線
②以後袋身的裡布包覆縫份，縫份倒向前袋身並以藏針縫固定。
①前袋身&後袋身正面相對縫合側邊。預留一片後袋身裡布，其餘處將縫份修剪至0.7cm。
車縫至下方0.7cm
完成線

圖4
表布（正面）　襯棉
裡布（背面）
完成線
袋底
②依序重疊疏縫後，車縫1×1cm斜方格紋壓線
③拆除四周之外的疏縫線。
①裡布背面熨燙厚質含膠襯棉。

圖5
袋底（裡布）
將袋底與袋身正面相對重疊，沿完成線進行車縫
袋身（裡布）

圖6
0.7
（背面）
寬2.5cm滾邊布
袋身底邊與滾邊布正面相對放置，對齊袋底與滾邊布的縫線後，進行縫合
袋身（裡布）

圖7
袋底
對齊滾邊布邊緣，修剪多餘袋身、裡袋底與襯棉，以滾邊布包覆縫份後，將縫份倒向袋底，再以藏針縫固定

圖8
提把（長度可依個人喜好調整）
23
摺雙
13
2.5
（背面）
對摺後縫合

圖9
①將袋口處與滾邊布正面相對，並沿著完成線以全回針縫縫合。
0.7
3.5
（背面）
袋身（表布）

③以滾邊布包覆袋口縫份，並以藏針縫固定。

9
②於滾邊布的針趾邊緣疏縫提把。對齊滾邊布的邊緣後，修剪多餘布料。
（裡布）

④提把向上翻至正面，兩端以藏針縫固定於袋口的滾邊布上。
（裡布）

肩背帶
＊可依個人喜好調整長度

圖10
提把以藏針縫固定
2.5
將肩背袋置於側邊的縫線的中央，再車縫固定
內摺1cm
3.5

97

❧ **完成尺寸**
　長12.5㎝・袋口寬16.5㎝・袋底7㎝

❧ **材料**
野木棉
　灰色系印花布…12×50㎝（布片A）
　深米色系織紋布…13×30㎝（布片B）
　零碼布數種…各適量（貼布繡）
　米色系織紋布…37×40㎝
　　　　　（裡布、側身用滾邊布・拉鍊邊端裝飾布）
　　　　　寬3.5㎝斜布條　35㎝（袋口滾邊布）
襯棉…34×37㎝
麻質織帶　米色・寬1㎝　15㎝（耳絆）
25號繡線　芥末色・粉色・黑色・米色…各適量
拉鍊…長15㎝　1條
裝飾珠配件…直徑1.4㎝、0.8㎝　各1個
蠟繩　灰色…20㎝

尺寸圖

袋身
表布（貼布繡・
　　　拼接布片）
（襯棉）　　　　　各1片
裡布（米色系織紋布）

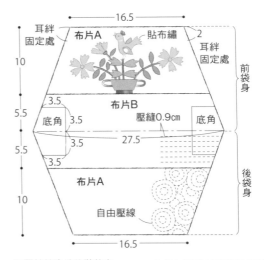

包覆拉鍊邊端的裝飾布
（米色系織紋布）2片

＊裁剪包覆拉鍊邊端的裝飾布。莖部
的貼布布片寬度為1.2至1.5㎝的滾
邊布，貼布繡外加縫份0.3至0.5
㎝，滾邊布・布片A・布片B外加縫
份0.7㎝，襯棉&裡布外加縫份3㎝
再裁剪。

❧ **作法**
1 於前袋身布片A上進行貼布繡與刺繡。布片B則與另一片布片
　A縫合，縫份倒向布片B。裡布、襯棉與表布三層疏縫，並壓
　線（圖1）。
2 步驟1的袋口以寬3.5㎝的斜布條包覆後進行滾邊（圖2）。
　滾邊處以全回針縫固定拉鍊（圖3）。
3 麻質織帶疏縫固定於側邊（圖4）。將袋身正面相對摺，縫合
　側邊，預留一片側邊裡布，其餘將縫份修剪至0.7㎝，再以預
　留的裡布包覆縫份進行滾邊（圖5）。
4 縫製底角，並將縫份滾邊（圖6）。
5 拉鍊邊端以斜布條包覆後滾邊（圖7）。
6 翻至正面，於拉鍊頭固定裝飾珠配件（圖8）。

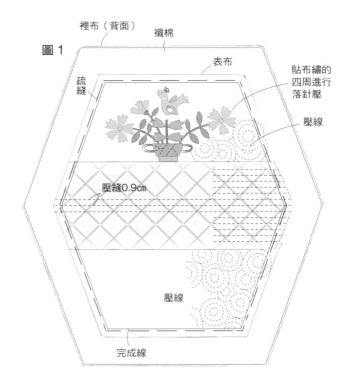

圖1

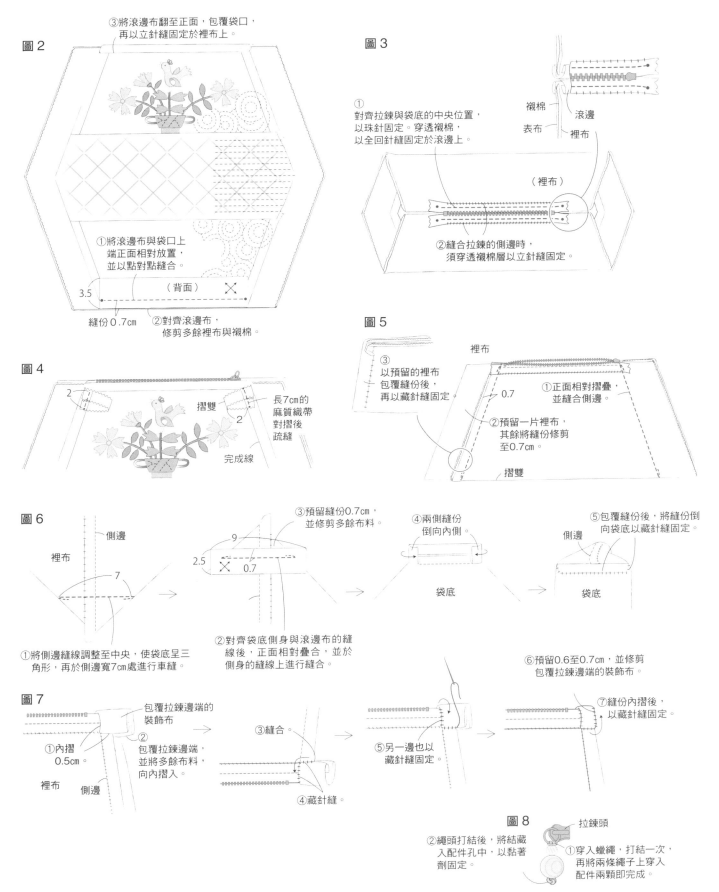

圖2

③將滾邊布翻至正面，包覆袋口，
再以立針縫固定於裡布上。

①將滾邊布與袋口上
端正面相對放置，
並以點對點縫合。

（背面）

3.5

縫份0.7cm

②對齊滾邊布，
修剪多餘裡布與襯棉。

圖3

①對齊拉鍊與袋底的中央位置，
以珠針固定。穿透襯棉，
以全回針縫固定於滾邊上。

襯棉
表布
滾邊
裡布

（裡布）

②縫合拉鍊的側邊時，
須穿透襯棉層以立針縫固定。

圖4

2

摺雙

2

長7cm的
麻質織帶
對摺後
疏縫

完成線

圖5

裡布

③
以預留的裡布
包覆縫份後，
再以藏針縫固定

0.7

①正面相對摺疊，
並縫合側邊。

②預留一片裡布，
其餘將縫份修剪
至0.7cm。

摺雙

圖6

側邊

裡布

7

①將側邊縫線調整至中央，使袋底呈三
角形，再於側邊寬7cm處進行車縫。

③預留縫份0.7cm，
並修剪多餘布料。

9

2.5   0.7

②對齊袋底側身與滾邊布的縫
線後，正面相對疊合，並於
側身的縫線上進行縫合。

④兩側縫份
倒向內側。

袋底

⑤包覆縫份後，將縫份倒
向袋底以藏針縫固定。

側邊

袋底

圖7

包覆拉鍊邊端的
裝飾布

①內摺
0.5cm

裡布

側邊

②
包覆拉鍊邊端，
並將多餘布料，
向內摺入。

③縫合

④藏針縫。

⑤另一邊也以
藏針縫固定。

⑥預留0.6至0.7cm，並修剪
包覆拉鍊邊端的裝飾布。

⑦縫份內摺後，
以藏針縫固定。

圖8

拉鍊頭

②繩頭打結後，將結藏
入配件孔中，以黏著
劑固定。

①穿入蠟繩，打結一次，
再將兩條繩子上穿入
配件兩顆即完成。

❖ 完成尺寸
高19㎝・寬25㎝
側身10㎝

❖ 材料
野木棉
　淺米色系織紋布…22×36㎝（布片A）
　灰色系織紋布…17×45㎝
　（布片B・B′・E・E′）
　淺米色系印花布…11×25㎝（布片D）
　零碼布數種…各適量
　（拼接布片・貼布繡・提把布）
　茶色系織紋布…35×110㎝（裡布・滾邊布）
襯棉…31×90㎝
含膠襯棉…2×9㎝（提把內芯）
25號繡線　黃色・淺綠色・綠色・淺茶色
　　　　　…各適量

❖ 作法
1 於袋身布片A上進行貼布繡與刺繡。左、右接縫
　布片B、B′，下側接縫布片E、E′，依此方式再
　製作一片。

2 於側身布片D上進行貼布繡與及刺繡。左、右接
　縫布片E、E′，下側接縫布片F，再完成刺繡與
　葉片的貼布繡。依此方式再製作一片。
3 將袋身與側身，依裡布、襯棉及表布的順序三層
　疏縫後再壓線（圖1）。
4 將兩片袋身分別與側身接縫（圖2）。預留袋身
　下擺與側身的裡布，其餘縫份皆修剪至0.7㎝。
　再以預留的裡布包覆縫份進行滾邊（圖3）。
5 將步驟4的兩片圖案區塊正面相對重疊後縫合。
　裁剪與裡布相同花色的茶色系織紋布，寬2.5㎝
　的斜布條55㎝，以斜布條包覆縫份進行滾邊
　（圖4・5），完成後翻至正面。
6 開口處的縫份，亦使用與裡布相同的茶色系織紋
　布，裁剪寬2.5㎝的斜布條80㎝，再以滾邊布包
　覆縫份滾邊（圖6）。
7 依圖7縫製提把，並縫合固定於袋身的上部中央
　處（圖8）。

尺寸圖

袋身
表布（貼布繡・拼接布片）
　　（襯棉）　　　　　　　各2片
裡布（茶色系織紋布）

＊裁剪提把的含膠襯棉，莖的貼
　布布片為寬度1.2至1.5㎝的滾
　邊布，貼布繡外加縫份0.3至
　0.5㎝，滾邊布、提把（表布
　・裡布・襯棉）、布片A至F
　皆須外加縫份0.7㎝，袋身
　及側身（襯棉・裡布）外加縫份
　3㎝再裁剪。

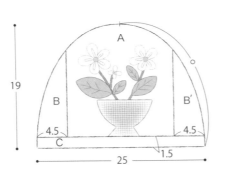

側身
表布（貼布繡・拼接布片）
　　（襯棉）　　　　　　　各2片
裡布（茶色系織紋布）

吊耳布
表布・裡布　各1片
（茶色印花零碼布）　　　各1片
（襯棉・含膠襯棉）

1.8　　9
僅表布裁剪為斜布條

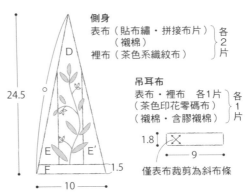

圖1

完成線
沿著圖案壓線
表布
裡布
襯棉
A
貼布繡的四周進行落針壓
刺繡的單側[進行落針壓
B　B′
疏縫
縫份0.7㎝
3
C
壓線

完成線
沿著圖案壓線
裡布
襯棉
表布
D
疏縫
貼布繡的四周進行落針壓
刺繡的單側進行落針壓
E　E′
3
F′
縫份0.7㎝
壓線

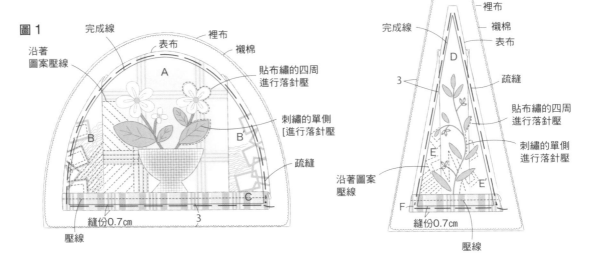

圖2

①將側身與袋身正面相對重合,
以點對點進行縫合。

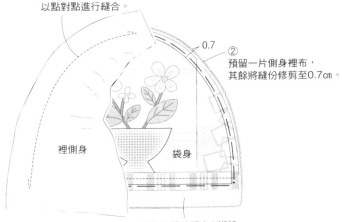

0.7

②
預留一片側身裡布,
其餘將縫份修剪至0.7cm。

裡側身

袋身

預留下襬的裡布&襯棉

圖3

完成線

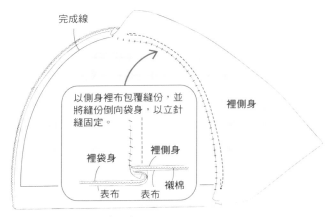

以側身裡布包覆縫份,並
將縫份倒向袋身,以立針
縫固定。

裡側身

裡袋身　裡側身

表布　表布　襯棉

再製作一片相同的圖案區塊

圖4

②對齊滾邊布邊端後,
修剪多餘裡布&襯棉。

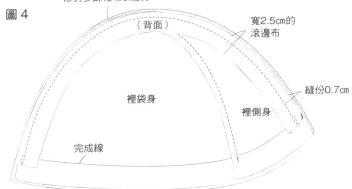

(背面)

寬2.5cm的
滾邊布

裡袋身

裡側身

縫份0.7cm

完成線

①將兩片圖案區塊正面相對縫合,並預留下方不車縫。
將此縫線與滾邊布的縫線對齊,正面相對重疊後進行點對點縫合。

圖5

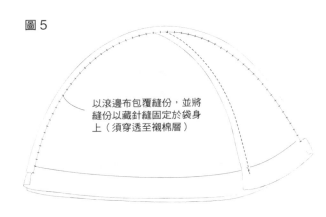

以滾邊布包覆縫份,並將
縫份以藏針縫固定於袋身
上(須穿透至襯棉層)

圖6

(背面)

2.5

①下方與寬2.5cm的滾邊布正面相對重疊,沿
完成線縫合。對齊下方縫份與滾邊布的邊
端並修剪多餘布料。

②將滾邊布翻至裡布
內側,包覆縫份後
以藏針縫固定。

表布
襯棉
裡布

圖7

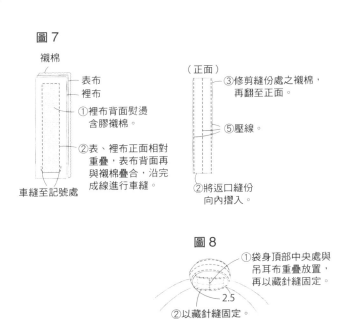

襯棉

表布
裡布

①裡布背面熨燙
含膠襯棉

②表、裡布正面相對
重疊,表布背面再
與襯棉疊合,沿完
成線進行車縫。

車縫至記號處

(正面)

③修剪縫份處之襯棉,
再翻至正面。

⑤壓線。

②將返口縫份
向內摺入。

圖8

①袋身頂部中央處與
吊耳布重疊放置,
再以藏針縫固定。

2.5

②以藏針縫固定。

101

◆完成尺寸
高11cm
籃底寬8.6×14cm

◆材料
野木棉
　米色系印花布…25×55cm（表籃身）
　米色系織紋布…22×50cm
　（表籃底・吊耳布・布片）
　灰色系織紋布…40×55cm（裡布・隔板布）
　素色布…37×42cm（底布）
　零碼布數種…各適量（貼布繡）
襯棉…37×42cm
含膠襯棉…31×50cm
25號繡線　白色・黑色・綠色・黃色…各適量
塑膠板…25×50cm
木質提把…1個
圓球裝飾袋　米白色…95cm

◆作法
1 於籃身表布A・B・C・D上各自製作貼布繡。於
　籃底的四邊與籃身下方製作記號點，再分別對齊
　接縫，縫份倒向籃底。

2 依底布、襯棉、步驟1的表布的順序重疊後，進
　行疏縫並壓線，再於底布描繪完成線。

3 裁剪裡布，並於背面熨燙含膠襯棉（圖1）。步
　驟2的籃身與裡布正面相對重合，縫合側邊。與
　表布對齊，修齊縫份後，於V字處剪入牙口（圖
　2）。

4 翻至正面，車縫籃底的三邊後，再於籃底塞入塑
　膠板內芯（圖3）。

5 籃底剩餘的一邊，以藏針縫縫合。籃身同樣需要
　塞入塑膠板內芯。將籃身表、裡布縫份內摺，夾
　住圓球裝飾帶後，以藏針縫縫合（圖4）。

6 製作隔板（圖5）。製作吊耳布，並穿過提把孔
　（圖6）。吊耳布的邊端塞入隔板的籃口處，同
　樣夾住圓球裝飾帶後縫合（圖7）。

7 隔板的底部兩處皆須縫合固定於籃底中央（圖
　8）。

8 豎起籃身，對齊籃身側邊記號點，以藏針縫細密
　縫合。隔板的側邊也須與籃身縫合固定（圖
　9）。

尺寸圖

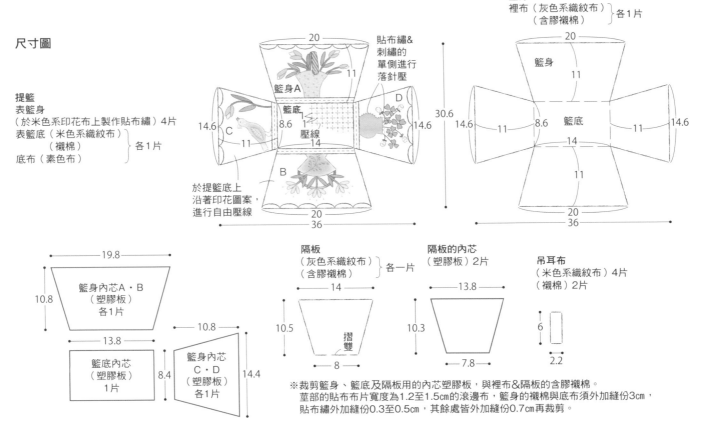

提籃
表籃身
（於米色系印花布上製作貼布繡）4片
表籃底（米色系織紋布）
（襯棉）　　　　　　　各1片
底布（素色布）

貼布繡&
刺繡的
單側進行
落針壓

於提籃底上
沿著印花圖案，
進行自由壓線

20
11
籃身A
籃底
8.6
14
壓線
14.6　C　11
B
D
14.6
20
36
30.6

籃身
裡布（灰色系織紋布）
（含膠襯棉）　各1片

籃身
20
11
14.6　11　籃底　8.6　11　14.6
14
11
20
36

籃身內芯A・B
（塑膠板）
各1片
19.8
10.8

籃底內芯
（塑膠板）
1片
13.8
8.4

籃身內芯
C・D
（塑膠板）
各1片
10.8
14.4

隔板
（灰色系織紋布）
（含膠襯棉）　各一片
14
10.5
摺雙
8

隔板的內芯
（塑膠板）2片
13.8
10.3
7.8

吊耳布
（米色系織紋布）4片
（襯棉）2片
6
2.2

※裁剪籃身、籃底及隔板用的內芯塑膠板，與裡布&隔板的含膠襯棉。
莖部的貼布布片寬度為1.2至1.5cm的滾邊布，籃身的襯棉與底布須外加縫份3cm，
貼布繡外加縫份0.3至0.5cm，其餘處皆外加縫份0.7cm再裁剪。

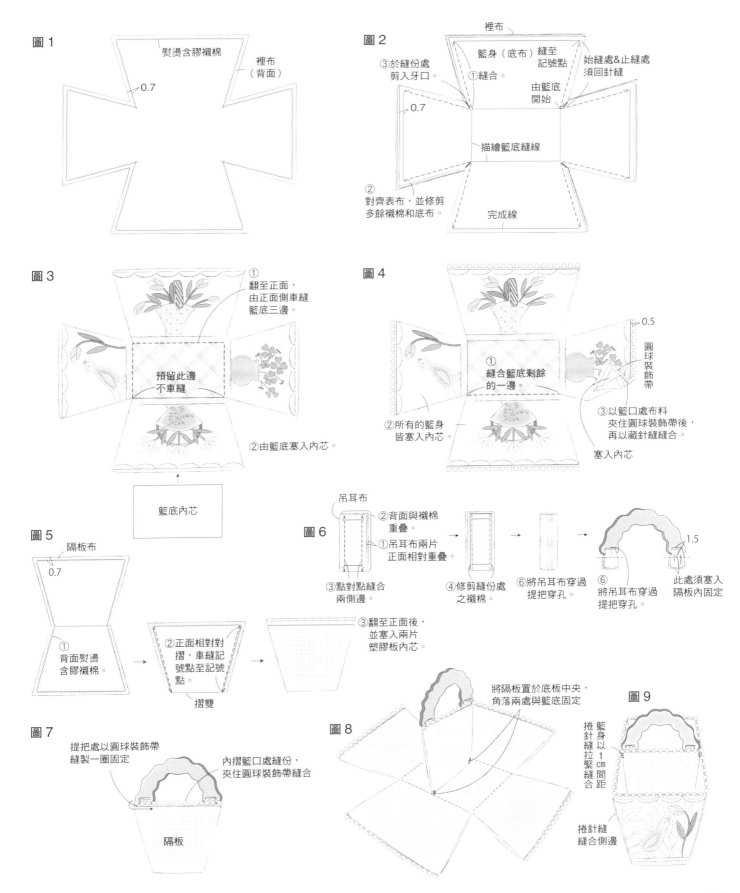

圖1

熨燙含膠襯棉

裡布
（背面）

0.7

圖2

裡布

③於縫份處
剪入牙口。

籃身（底布）縫至
記號點

①縫合。

始縫處&止縫處
須回針縫

由籃底
開始

0.7

描繪籃底縫線

②
對齊表布，並修剪
多餘襯棉和底布。

完成線

圖3

①
翻至正面，
由正面側車縫
籃底三邊。

預留此邊
不車縫

②由籃底塞入內芯。

籃底內芯

圖4

0.5

圓球裝飾帶

①
縫合籃底剩餘
的一邊。

②所有的籃身
皆塞入內芯。

③以籃口處布料
夾住圓球裝飾帶後，
再以藏針縫縫合。

塞入內芯

圖5

隔板布

0.7

①
背面熨燙
含膠襯棉。

②正面相對對
摺，車縫記
號點至記號
點。

摺雙

③翻至正面後，
並塞入兩片
塑膠板內芯。

圖6

吊耳布

②背面與襯棉
重疊。

①吊耳布兩片
正面相對重疊。

③點對點縫合
兩側邊。

④修剪縫份處
之襯棉。

⑥將吊耳布穿過
提把穿孔。

⑥
將吊耳布穿過
提把穿孔。

1.5

此處須塞入
隔板內固定

圖7

提把處以圓球裝飾帶
縫製一圈固定

內摺籃口處縫份，
夾住圓球裝飾帶縫合

隔板

圖8

將隔板置於底板中央，
角落兩處與籃底固定

圖9

籃身以1cm間距捲針縫拉緊縫合

捲針縫
縫合側邊

103

❧ 完成尺寸
寬40cm・高40cm

❧ 材料
野木棉
　米色系印花布…42×110cm
　（表袋身・提把）
　灰色系印花布…42×110cm（裡袋身）
　米色系織紋布…25×46cm（口袋布）
　零碼布數種…各適量（貼布繡）
　25號繡線　米色・綠色…各適量

❧ 作法
1 依尺寸圖裁剪各部分布料，並於口袋布正面製
　作貼布繡。

2 口袋布正面相對對摺車縫四周，並預留一返口。
　從返口翻至正面後，整理形狀。袋口處壓縫一道
　裝飾線（圖1）。
3 縫製提把（圖2）。
4 將口袋固定於前表袋身。前、後袋身正面相對
　摺，車縫側邊，完成後翻至正面。於表布的袋口
　處疏縫提把（圖3）。
5 裡袋身正面相對對摺，車縫側邊並留一返口，完
　成袋身製作。表、裡布正面相對疊合，車縫袋口
　一圈（圖4）。
6 由裡布返口翻至正面，再以藏針縫縫合返口。將
　裡布放入表布中，整理袋型。再於袋口壓縫一圈
　裝飾線（圖5）。

尺寸圖

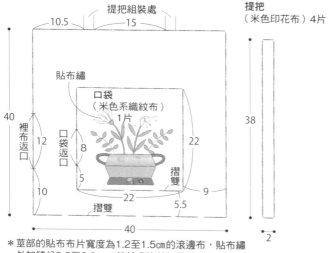

袋身
表布（米色系印花布）
裡布（灰色系印花布）｝各1片

提把組裝處
10.5　15

提把
（米色印花布）4片

貼布繡
口袋
（米色系織紋布）
1片

裡布返口
40
12
8
5
10
口袋返口
22
摺雙
22
9
5.5
38
摺雙
40
2

＊莖部的貼布布片寬度為1.2至1.5cm的滾邊布，貼布繡
　外加縫份0.3至0.5cm，其餘處皆外加縫份0.7cm再裁剪。

圖1

①正面相對對摺後，
車縫四周。
0.7
口袋
（背面）
預留返口
不車縫
5
摺雙
③袋口車縫壓線。
口袋（正面）
②將返口縫份向內摺入。
②翻至正面後，

圖2

提把
（背面）
0.7　2　0.7
①兩片正面相對重疊，
車縫側邊。

兩側車縫壓線
②翻至正面後，兩側車縫
壓線，共製作兩片。

圖3

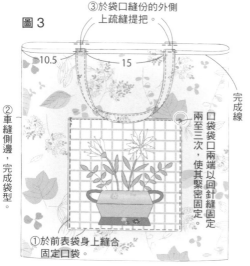

③於袋口縫份的外側
上疏縫提把。
10.5　15
②車縫側邊，完成袋型。
完成線
口袋袋口兩端以回針縫縫合固定兩至三次，使其緊密固定。
①於前表袋身上縫合
固定口袋。

圖4

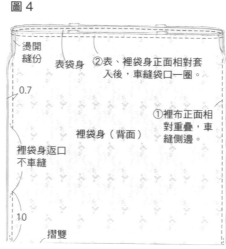

燙開縫份
0.7
表袋身
②表、裡袋身正面相對套
入後，車縫袋口一圈。
①裡布正面相
對重疊，車
縫側邊。
裡袋身（背面）
裡袋身返口
不車縫
10
摺雙

圖5

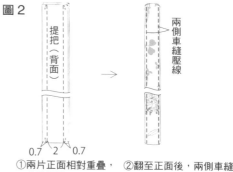
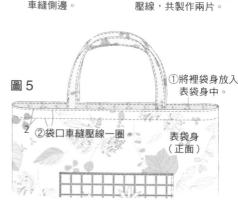

①將裡袋身放入
表袋身中。
2
②袋口車縫壓線一圈
表袋身
（正面）

飛鳥托特包

● 原寸紙型／D面（請放大200%使用）

◆ 完成尺寸
長28cm・寬40cm・袋底9cm

◆ 材料
野木棉
　淺藍色系織紋布…23×42cm（貼布繡底布）
　淺茶色系織紋布…42×110cm
　（後表袋身・布片B・表側身）
　印花布…5×42cm（布片A）
　米色系織紋布…85×110cm
　（裡袋身・裡側身・袋口滾邊布）
　零碼布數種…各適量（拼接布片・貼布繡）
襯棉…50×110cm
厚質含膠襯棉…9×92cm
25號繡線　茶色・米色・黃色・黑色…各適量
尼龍織帶　灰色…寬7cm　76cm（提把）

◆ 作法
1 於底布上製作貼布繡，上方接縫布片A，下方
　與接縫布片B，完成表布。裡布、襯棉與表布
　三層疊合後疏縫並壓線。
2 後表袋身以單片布料裁剪，裡布、襯棉與表布
　三層疊合後壓線。
3 縫製提把（圖1）。
4 將步驟1的前袋身與側身正面相對重疊縫合。
　預留側身裡布與袋口處裡布，其餘處將縫份修
　剪至0.7cm，再以預留的裡布包覆縫份，倒向
　袋身以立針縫固定（圖2）。後袋身組合方式
　亦同。
5 縫製提把兩條（圖3）。將步
　驟4的袋身翻至正面，提把與袋
　身正面相對，於縫份外側疏縫
　（圖4）。
6 裁剪寬3cm米色系織紋布製作
　105cm滾邊條。將滾邊布與袋
　口正面相對放置，並沿袋口處
　完成線車縫，對齊縫份與表布
　修剪多餘布料（圖4），滾邊布
　包覆縫份後以藏針縫固定（圖
　5）。

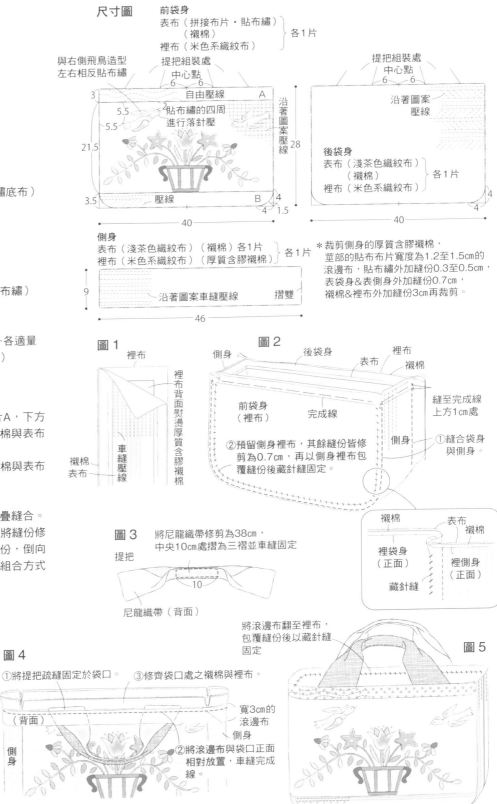

尺寸圖

前袋身
表布（拼接布片・貼布繡）
（襯棉）
裡布（米色系織紋布）｝各1片

與右側飛鳥造型
左右相反貼布繡
中心點
6　6

3
5.5
5.5
21.5
3.5

自由壓線　A
②貼布繡的四周
進行落針壓
壓線　B
沿著圖案壓線
28
4
4　1.5

提把組裝處
中心點
6　6
沿著圖案
壓線

後袋身
表布（淺茶色織紋布）
（襯棉）
裡布（米色系織紋布）｝各1片
40
4

側身
表布（淺茶色系織紋布）（襯棉）各1片
裡布（米色系織紋布）（厚質含膠襯棉）各1片｝

9
沿著圖案車縫壓線　摺雙
46

＊裁剪側身的厚質含膠襯棉，
莖部的貼布布片寬度為1.2至1.5cm的
滾邊布，貼布繡外加縫份0.3至0.5cm，
表袋身&表側身外加縫份0.7cm，
襯棉&裡布外加縫份3cm再裁剪。

圖1
裡布
襯棉
表布
車縫壓線
裡布背面熨燙厚質含膠襯棉

圖2
側身　後袋身　裡布　襯棉
前袋身（裡布）　完成線　側身
②預留側身裡布，其餘縫份皆修
剪為0.7cm，再以側身裡布包
覆縫份後藏針縫固定。
縫至完成線上方1cm處
①縫合袋身與側身。

襯棉　表布
襯棉
裡袋身（正面）　裡側身（正面）
藏針縫

圖3　將尼龍織帶修剪為38cm，
中央10cm處摺為三褶並車縫固定
提把
10
尼龍織帶（背面）

圖4
①將提把疏縫固定於袋口。　③修齊袋口處之襯棉與裡布。
（背面）
側身
寬3cm的滾邊布
側身
②將滾邊布與袋口正面相對放置，車縫完成線。

將滾邊布翻至裡布，包覆縫份後以藏針縫固定
圖5

✤完成尺寸　長156.4cm・寬141.4cm

尺寸圖　表布（貼布繡・拼接布片）
　　　　　（襯棉）　　　　　各1片
　　　　裡布（米色系織紋布）
　　　　　　　　　　　滾邊（米色及茶色織紋布）

＊莖部的貼布布片寬度為1.2至1.5cm的滾邊布，邊條外加縫份1cm，裡布&襯棉外加縫份5cm，貼布繡外加縫份0.3至0.5cm，其餘處皆外加縫份0.7cm再裁剪。

❖ 材料

野木棉

　零碼布數種⋯各適量（布片・貼布繡・貼布繡底布）

　米色系印花圖案（作為表面布料的底層使用）⋯23×50㎝

　（邊條的荷葉邊・貼布繡）

　米色系印花圖案⋯23×50㎝（邊條的荷葉邊・貼布繡）

　米色系織紋布⋯157×44㎝（邊條A・B）

　灰色系織紋布⋯157×44㎝（邊條A・B）

　米色系織紋布⋯110×300㎝（裡布）

　米色及茶色的織紋布⋯110×70㎝（滾邊用斜布條）

襯棉⋯165×150㎝

25號繡線　個人喜好顏色數種⋯各適量

/. 製作表布

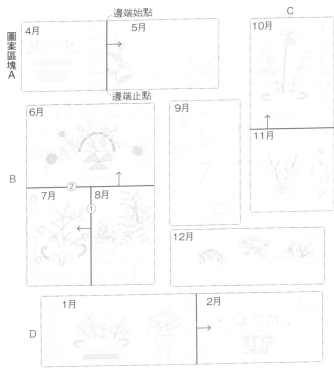

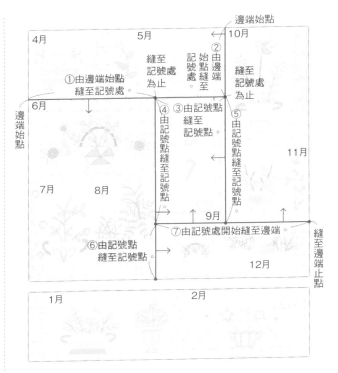

1 縫製中央的圖案區塊。依附錄紙型&尺寸圖，製作十一片圖樣。將圖樣如圖示劃分組合為四片圖案區塊（A至D）及圖案。各圖樣皆以點對點縫合，縫份倒向箭頭標註方向。

2 依步驟1圖示拼接圖案區塊A・B・C，並依照①至⑦的順序縫合，組合為大片的圖案區塊。以點對點縫合的方式接縫大片圖案區塊及圖案區塊D，縫份倒向大片圖案區塊。完成中央的圖案區塊。

邊條A

邊條B

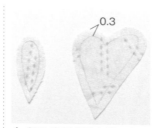

0.3

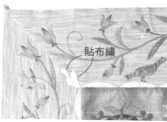

貼布繡

4 製作邊框處貼布繡。於布料正面描繪完成線，外加縫份0.3cm後，裁剪四片。沿著邊條的縫線放置，以立針縫固定。四邊角作法亦同，如此即完成表布製作。

2. 三層疊合&疏縫

準備襯棉與裡布各150×165cm（參考尺寸配置圖）。於木板（或塌塌米）上，將裡布背面向上攤開，四邊角之間以數支大頭針固定。疊上襯棉後，取下固定裡布的大頭針，重心固定襯棉四周。接著對齊中央疊放表布，同樣取下固定襯棉的大頭針，重新固定表布。由中心向外側進行疏縫。

邊端止點

記號處開始

由記號點縫至記號點

由記號點縫至記號

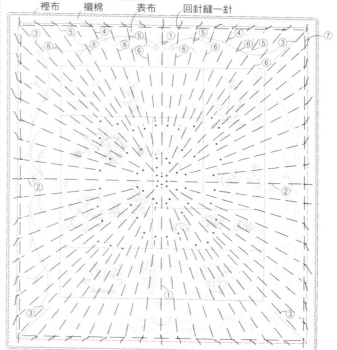

裡布　襯棉　表布　回針縫一針

3 縫製邊條。依附錄紙型與尺寸配置圖於表布上製作貼布繡與刺繡，將邊條A&B放置於步驟2中央圖案區塊的外側，並由記號點縫至記號點。因為重疊縫份而較厚重處進行回針縫，將相鄰的斜邊從記號點縫至邊端。四邊以相同方法縫合後，即完成邊框，縫份倒向箭頭標示方向。

疏縫順序
由中心開始縱向上下（①），由中心開始橫向左右（②），對角線（③），對角線與中心之間（④），此處之間（⑤）與此處之間（⑥），最後完成線的外側（⑦）如此依序進行疏縫。

3. 於壓線架上攤開拼布作品&進行壓線

＊沒有壓線架時，亦可使用刺繡框繃縫拼布作品進行壓線。

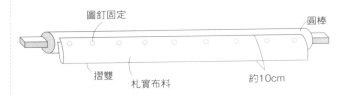

圖釘固定　　　　　　　　　　　　圓棒

摺雙　　札實布料　　　約10cm

1 於圓棒上將20×200㎝的札實布料對摺後，以圖釘固定。依此方式再製作一根相同的圓棒。

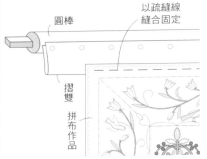

圓棒　　　以疏縫線縫合固定

摺雙　　拼布作品

2 將拼布作品的邊端置於步驟1的札實布料摺雙處，並以疏縫固定。拼布作品的另一側也相同方式縫合固定。

3 以圓棒由兩端開始收捲拼布作品，以露出作品的中央部分。收捲至寬度為60㎝時，由兩端拉緊拼布作品，撫平縐褶。

關於壓線記號線

壓線記號線通常描繪於表布，但此次須於三層疊合後，於壓線架上攤開的狀態下進行描畫。可依個人喜好自由描畫線條，製作斜向線條或方格圖樣時可使用直尺輔助。如果是沿著布料圖樣，或製作自由曲線時，則不需要描繪壓線記號線。

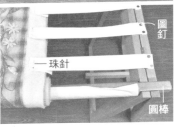

圓釘

一珠針

圓棒

4 於壓線架上塞入圓棒，再次收捲拼布作品&繃緊。準備5×20㎝（寬×長）的布八條。壓線架的兩側每四片等距離以圖釘固定，另一端則以珠針固定於拼布作品的邊端，防止拼布作品偏離中心。

5 壓線。壓線即壓縫每個圖樣。首先進行圖樣的底布，接著是貼布繡及布片中，最後於貼布布片&刺繡的邊緣進行落針壓。

＊壓線架上攤開的那一面完成壓線後，拆除固定拼布作品邊端的珠針，接著收捲拼布作品，露出需要壓線的那面。再於拼布作品的邊端插入珠針固定拼布作品。

6 完成壓線後由壓線架取下，拆除四周之外的疏縫線。

4. 裁剪滾邊用斜布條

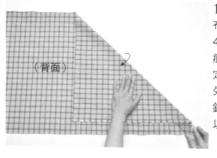

1 米色＆茶色的織紋布背面向上放置，沿著45°角摺疊，並於褶痕中放入直尺。以手固定直尺並展開布料，於外摺線上以記號筆（或鉛筆）描繪記號線，並以此為基準線。

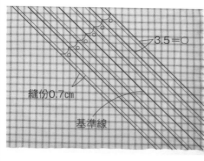

2 由基準線開始繪製寬3.5cm的平行線，並於內側0.7cm處一記號線。縫線以基準線為界線，請留意劃線位置為與布紋錯開（如果以相同方向劃線，則斜布條接縫時縫線將無法對齊）。

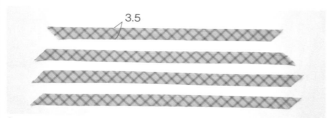

3 沿著步驟2的記號裁剪寬3.5cm的斜布條。

4 接縫斜布條。由裁剪的斜布條邊端接縫，縫份0.7cm，將兩條斜布條正面相對重疊，對齊邊角，並以珠針固定後，即可以點對點的方式進行全回針縫。

5 縫份倒向單邊（車縫時須記得將縫份燙開），再修剪多餘縫份布角，以此方式製作約610cm的滾邊斜布條。

5. 製作四周滾邊

1 於拼布作品的邊條上以記號筆（或鉛筆）繪製完成線。因為壓線製作可能使坐品尺寸略小於尺寸配置圖，所以於縫份可超出0.7cm處，將所有邊條的寬度以相同的尺寸繪製完成線。縫份無法不足0.7cm時，可調整邊條的寬度繪製完成線。

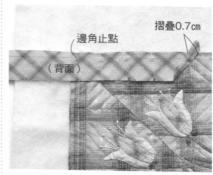

2 滾邊布由拼布作品的下側，與邊角相近處開始縫合。滾邊布與表布正面相對放置，邊端外摺0.7cm。對齊拼布作品的完成線與滾邊布的縫線，以珠針固定至邊角。

3 由滾邊布的邊端縫至拼布作品的邊角，穿透裡布以全回針縫縫合。於邊角記號處回針縫一次，再由邊角出針。

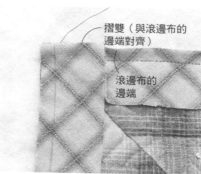

4 邊角處將滾邊布摺為直角，對齊外褶痕的摺雙與滾邊布的邊端。

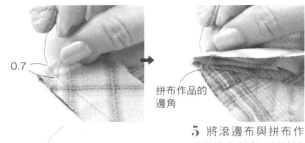

0.7
拼布作品的邊角

5 將滾邊布與拼布作品的邊角對齊,於滾邊布的摺雙處下方0.7cm處以珠針固定。疊合滾邊布的縫線與拼布作品的完成線,以珠針固定至下一個邊角。

6 於滾邊布邊角的記號處入針,縫針僅穿過滾邊布,由反面的邊角記號處出針。

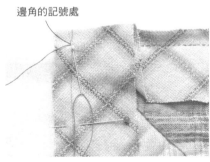

邊角的記號處

7 穿透裡布層,以細針趾進行一次回針縫後,由邊角的記號處出針。

以細針趾進行一次回針縫
0.7
全回針縫

8 為便於縫製作業,可改變手持作品的方向,再以全回針縫縫至下一個邊角。

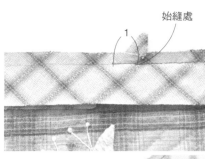

始縫處
1

9 重複步驟3至8,全回針縫縫至滾邊布的始縫處之前。最後將始縫處的滾邊布頭尾重疊1cm後縫合,並修剪多餘布料。

10 對齊滾邊布的邊端,修剪多餘的裡布與襯棉。

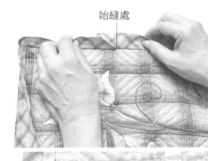

始縫處

（裡布）

11 重疊始縫處及止縫處的滾邊布,翻至正面。以裡布包覆縫份再以珠針固定,使滾邊布的外摺痕接觸步驟9的縫線邊緣,一條一條摺疊邊角,完成邊框。穿透襯棉層進行立針縫。滾邊布的始縫處的重疊縫線與邊框的重疊縫線處不貼縫。

拼布美學 PATCHWORK 10

斉藤謠子の 拼布花束創作集

作　　者／斉藤謠子
譯　　者／張粵
發 行 人／詹慶和
總 編 輯／蔡麗玲
執行編輯／李盈儀
編　　輯／林昱彤・蔡毓玲・詹凱雲・劉蕙寧・黃璟安
封面設計／陳麗娜
美術編輯／徐碧霞・周盈汝
內頁排版／造極
出 版 者／雅書堂文化
發 行 者／雅書堂文化事業有限公司
郵政劃撥帳號／18225950
戶　　名／雅書堂文化事業有限公司
地　　址／新北市板橋區板新路206號3樓
電　　話／（02）8952-4078
傳　　真／（02）8952-4084
網　　址／www.elegantbooks.com.tw
電子郵件／elegant.books@msa.hinet.net

2012年11月初版一刷　定價580元

SAITO YOKO QUILT NO HANATABA by Yoko Saito
Copyright © 2012 by Yoko Saito
All rights reserved.
Originally published in Japan in 2012 by NHK Publishing, Inc.
This Traditional Chinese edition is published by arrangement with
NHK Publishing, Inc., Tokyo in care of Tuttle-Mori Agency, Inc., Tokyo
through Keio Cultural Enterprise Co., Ltd., New Taipei City, Taiwan.

總經銷／朝日文化事業有限公司
進退貨地址／新北市中和區橋安街15巷1號7樓
電話／（02）2249-7714　傳真／（02）2249-8715

星馬地區總代理：諾文文化事業私人有限公司
新加坡／Novum Organum Publishing House (Pte) Ltd.
20 Old Toh Tuck Road, Singapore 597655.
TEL： 65-6462-6141　　FAX：65-6469-4043
馬來西亞／Novum Organum Publishing House (M) Sdn. Bhd.
No. 8, Jalan 7/118B, Desa Tun Razak, 56000 Kuala Lumpur, Malaysia
TEL：603-9179-6333　　FAX：603-9179-6060

國家圖書館出版品預行編目資料

斉藤謠子の拼布花束創作集／斉藤謠子著；張粵譯．-- 初版．--
新北市板橋區：雅書堂文化, 2012.11
　　面；　　公分．-- (Patchwork・拼布美學；10)
　　ISBN 978-986-302-082-0(平裝)
　1. 拼布藝術　2. 手工藝
426.7　　　　　　　　　　　　　　　　　　　101020090

斉藤謠子

拼布作家。因為對美式拼布的興趣，便開啟了進入拼布世界的大門，多方吸收了歐洲與北歐國家的創作風格後，啟發了個人的拼布色彩與設計概念。至今致力於基礎拼布藝術的推廣，於相關學校進行課程教學並擔任講師。作品常刊載於電視節目、雜誌報導，深受讀者喜愛，像是NHK的「すてきにハンドメイド」，另外還有《斉藤謠子　綠の散歩道》（NHK出版）……等著作。

Staff　作品製作／船本里美・山田數孩子・水沼澤勝美
書籍設計／須藤愛美
攝影／南雲保夫（刊頭彩頁）・下瀬成美（作法）
造型／井上輝美
編輯合作／奧田千香美
描繪／tinyeggs studio（大森裕美子）
紙型描繪／ファクトリー ウォーター
校對／山內寬子
編輯／小沼澤知子（NHK出版）

天馬行空不受限的縫紉針趾

開啟針╳線╳布料的自由創作世界

拼布·是快樂的，
除了在傳統的拼布圖形裡，享受拼湊的小愉悅之外，
你更可以嘗試無邊無界的大膽創作，
拾起布片，隨興拼縫於布料上，
一起感受最生活化的手作拼布。

斉藤謠子の拼布
無框·不設限
突破傳統拼布圖形的29堂拼布課

斉藤謠子◎著
平裝／112頁
19×26cm／彩色+單色
定價480元

不一樣的創作風格，
最令人感動的旅行布作

一起漫遊北歐・英國・法國・義大利・美國

有多久沒有旅行了？
透過21款特色拼布包，
我們一起來聆聽斉藤老師動人的回憶……

斉藤謠子の異國風拼布包
斉藤謠子◎著
平裝／112頁／21×26cm
彩色＋單色／定價480元

最溫暖的手感拼布
一起愛上美麗的羊毛織品

全新手感溫暖體驗，
微涼的季節～
就帶著專屬的羊毛布作出門吧！

斉藤謠子の羊毛織品拼布課
34款拼布人一定要學的手提包・
小物袋・掛毯&羊毛織物拼布技巧
斉藤謠子◎著
平裝／96頁／21×26cm
彩色+單色／定價450元

絕版經典印花布料
細緻手感風華再現

一直以來，就非常喜愛那些經典布料，
透過不斷的努力研究，
終於讓絕版經典款式重現，
再度喚起你心裡的美好年代。

斉藤謠子の拼布
復刻╳手感　愛上棉質印花古布
斉藤謠子◎著
平裝／112頁／19×26cm
彩色+單色／定價480元